Falona — Faserflornachorientierung

— Schlussbericht zum Projekt —

Forschungsstelle:	Faserinstitut Bremen e.V. — FIBRE
Förderkennzeichen:	49VF210033
Laufzeit des Vorhabens:	01.11.2021 – 30.04.2024

Autoren:

Lena Kölsch
Holger Fischer
Dennis Kirchhöfer
Oliver Schnock
Daniel Thal
Andrea Miene
Katharina Heilos

Gefördert durch:

INNO-KOM

aufgrund eines Beschlusses
des Deutschen Bundestages

Bremen, August 2024

Bibliografische Information der Deutschen Nationalbibliothek:
Die Deutsche Nationalbibliothek verzeichnet diese Publikation in der Deutschen Nationalbibliografie; detaillierte bibliografische Daten sind im Internet über
http://dnb.d-nb.de abrufbar.

Die Forschungsberichte aus dem Faserinstitut Bremen
erscheinen in unregelmäßiger Folge.
Herausgegeben vom
Faserinstitut Bremen e.V. — FIBRE —
Am Biologischen Garten 2
D-28359 Bremen

Der vorliegende Band erscheint als Nr. 77 dieser Reihe.

Autoren: Lena Kölsch, Holger Fischer, Dennis Kirchhöfer, Oliver Schnock; Daniel Thal; Andrea Miene und Katharina Heilos

Titel: Falona — Faserflornachorientierung.

Herstellung und Verlag: BoD – Books on Demand, Norderstedt

ISBN dieses Bandes: 978-3-7597-6176-7
ISSN der Reihe 1618–7016

Inhaltsverzeichnis

Tabellenverzeichnis

Abbildungsverzeichnis

Zusammenfassung

Das Projekt Falona wurde in Form aufeinander abgestimmter VF-Vorhaben der Institute „Sächsisches Textilforschungsinstitut e.V." (STFI) und „Faserinstitut Bremen e.V." (FIBRE) in Kooperation bearbeitet. Im Rahmen des Forschungsvorhabens wurde die Optimierung einer Faserausrichtung im Krempelflor durch eine Nachorientierung im Magnetfeld untersucht. Zur Erreichung einer Magnetisierbarkeit der Fasern im Flor werden von den Partnern zwei unterschiedliche Forschungsansätze verfolgt, die einerseits die Erzeugung magnetisierbarer Fasern durch äußeren Auftrag einer Schlichte (STFI, im Wesentlichen Carbonfasern), und andererseits durch die Einbringung eines magnetisierbaren Fluids in den Kern von Hohlfasern (FIBRE) zum Ziel hatten.

Die am FIBRE entwickelnden Hohlfasern wurden dabei im Schmelzspinnverfahren hergestellt und die Flüssigkeit mittels einer speziellen Spinndüse kontinuierlich in die Fasern integriert, um so eine Magnetisierbarkeit zu erreichen. Die entwickelte magnetisierbare Flüssigkeit konnte im Schmelzspinnprozess als flüssige Kernkomponente in eine Hohlfaser intergiert werden. Bei der Faserentwicklung konnten erfolgreich mit magnetisierbarer Flüssigkeit gefüllte Hohlfasern hergestellt werden. Bei der Herstellung im Schmelzspinnprozess zersetzte sich jedoch die magnetisierbare Flüssigkeit thermisch, was zu Verstopfen einzelner Düsenbohrungen und damit zu einem instabilen Spinnprozess führte. Daher wurden als Alternative Compounds mit magnetisierbaren Partikeln und Polypropylen herstellt und im Schmelzspinnprozess zu Fasern verarbeitet. Zur Messung der Magnetkraft der Fasern wurde ein Prüfstand entwickelt. Die Fasern mit den größten Durchmessern und dem höchsten Partikelgehalt zeigten die größte Magnetkraft. Die Fasern konnten zu Krempelfloren verarbeitet werden, deren Änderung der Vorzugsrichtung durch das Anlegen eines Magnetfeldes Untersucht wurde. Die Ergebnisse zeigten, dass die gewählte Versuchsanordnung geeignet zur Untersuchung des Einflusses von Magnetfeldern auf die Probengeometrie ist und in den Ergebnissen nur der Einfluss der magnetischen Nachorientierung, aber kein Effekt des Probenhandlings zu erkennen ist. Des Weiteren konnte die Ausrichtung vereinzelter Materialien in Feldrichtung durch das Anlegen eines Magnetfelds sehr stark bis zum Faktor 18,8 gesteigert werden. Im Gegensatz zur Arbeitshypothese erfolgte bei Faserfloren im Magnetfeld jedoch überhaupt keine Änderung der Orientierung im Magnetfeld.

Andererseits kann eine temporäre Stabilisierung von Floren oder anderen textilen Halbzeugen in anderen Prozessen durchaus erwünscht sein. So ist es in der Herstellung von Verbundwerkstoffen im RTM-Verfahren (resin transfer moulding) ein bekanntes Problem, dass eine zu hohe Viskosität der Harzmischung dazu führt, dass die Fließfront das Halbzeug vor sich herschiebt, statt es zu durchtränken. Eine Verwendung von magnetisierbaren Fasern in Verbindung mit einem ebenfalls magnetisierbaren Metallwerkzeug könnte hier das Prozessfenster erweitern und die Verwendung von Harzen höherer Viskosität ermöglichen. Weitere Szenarien sind Abläufe im Vorfeld der Verbundherstellung, in denen der Aufwand für die Geometrieerhaltung der Halbzeuge beim Handling / Transport durch eine magnetische Stabilisierung reduziert werden könnte.

Zusätzlich wurden Krempelflore aus mit Eisenpartikeln versetzte PP-Fasern mit PA6-Fasern und Mischungen mit Glasfasern hergestellt, welche anschließend mittels Pressverfahren zu magnetischen Verbundwerkstoffen verpresst wurden. Die mechanischen Eigenschaften wurden mittels Drei-Punkt-Biegeversuch und die magnetischen Eigenschaften mithilfe des entwickelten Prüfstandes charakterisiert. Die Verbundplatten mit Glasfaserverstärkung zeigten die höchsten Biegesteifigkeiten und Biegefestigkeiten, während die Platten mit PA6-Faserverstärkung die höchsten auf das Prüfkörpergewicht bezogenen magnetischen Eigenschaften zeigten.

Danksagung

Wir danken dem Bundesministerium für Wirtschaft und Klimaschutz für die Förderung der korrespondie-renden Vorlaufforschungsvorhaben (Reg.- Nr. 49VF210033) innerhalb des Förderprogramms „FuE-Förderung gemeinnütziger externer Industrieforschungseinrichtungen" (INNO-KOM) — Modul: Vorlaufforschung (VF).

Gefördert durch:

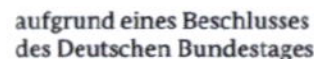

Unser ausdrücklicher Dank gilt der Euronorm GmbH für die sachkompetente Projektträgerschaft.

1 Einleitung

Dieser Bericht beschreibt die Ergebnisse des Projekts Falona, das unter Förderung des INNO-KOM Programms im Zeitraum 01.11.2021 – 30.04.2024 in Form von zwei korrespondierenden Teilprojekten durchgeführt wurde:

> ➤ Teilprojekt „Faserflornachorientierung an Hohlfasern",
> FKZ 49VF210033; Faserinstitut Bremen e.V., Bremen/DE und

> ➤ Teilprojekt „Nachorientierung biegesteifer Fasern mit magnetisierbarer Schlichte",
> FKZ 49VF210027; Sächsisches Textilforschungsinstitut e.V., Chemnitz/DE

Im Folgenden werden die Ergebnisse des Teilprojekts des FIBRE, und — soweit übergreifend — Ergebnisse in Zusammenarbeit mit dem Partner STFI dargestellt.

1.1 *Technische Zielstellung des Vorhabens*

1.1.1 Ausgangssituation

Bedingt durch den zunehmenden Einsatz von Faserverbundwerkstoffen wegen ihrer herausragenden Eigenschaften (spezifische Festigkeiten und Steifigkeiten), stellt sich vermehrt die Frage des Recyclings der Verbunde. Vor allem energieaufwändig hergestellte Hochleistungsfasern, wie z.B. Carbonfasern, sollten wiedergewonnen und erneut in einem Verbund verarbeitet werden.

Da vor allem CFK (Carbonfaserverstärkte Kunststoffe) weiterhin ein deutliches Wachstum verzeichnen, gewinnt der funktionelle Wiedereinsatz von Carbonfasern zunehmend an Bedeutung. Im Jahr 2019 lag der globale Bedarf an CFK bei 141,5 kT, was ein Wachstum von 10,1 % zum Vorjahr 2018 darstellt. Auch für die Folgejahre wurde ein Wachstum prognostiziert [1]. Der wachsende CFK-Absatz führt zu vermehrten Carbonfaserabfällen sowohl in Form von trockenen Abfällen, die während der Herstellung anfallen (z.B. Verschnittabfälle von Gelege- und Geweberesten), als auch in Form von Rovingresten und rückgewonnenen, rezyklierten Carbonfasern aus Bauteilen, deren Lebensende, sog. EoL (End-of-Life-Bauteile), erreicht wurde [2].

Neben einem ressourcenschonenden Umgang mit Materialien wird zudem der preisliche Vorteil von rezyklierten Carbonfasern (rCF) gegenüber Neufasern als Argument genannt [3]. Mit einem Preisvorteil von bis zu 50 % sind rCF (mit 10 -12 €/kg) [3] günstiger als Neufasern (ca. 20 €/kg) [4], was sie für die Weiterverarbeitung interessant macht.

Ein vielversprechender Lösungsansatz für die Frage des Recyclings von Hochleistungsfasern ist die Verarbeitung der Fasern zu Vliesstoffen. Je nach Vliesbildungsverfahren werden im Vliesstoff unterschiedliche Faserorientierungen ermöglicht [5]. Im Airlayverfahren werden Fasern mittels Luftstrom wirr auf einem Siebband abgelegt, während im Krempelverfahren Fasern mittels Arbeiter- und Wenderpaaren parallelisiert und anschließend meist über einen Leger (Kreuz- oder Steilarmleger) quer zum Transportband abgelegt werden.

Eine anschließende Verfestigung (i.d.R. Vernadelung) des entstandenen Faserflors führt zum Vliesstoff. Hierdurch ergeben sich bei Airlayvliesstoffen eine wirre und bei Krempelvliesstoffen eine anisotrope (querorientierte) Vliesstoffstruktur [6], [7].

Trotz vorhandener Faserorientierung im Krempelverfahren ist diese nicht vergleichbar mit der Faserorientierung anderer Textilien mit gestreckten Faserscharen (wie z. B: Geweben oder Gelegen). Neben der Verfestigungsmethode (Vernadelung und somit Umorientierung der Fasern in z-Richtung) führt eine zu geringe Orientierung der Einzelfasern im Faserflor zu einer geringen Faservorzugsorientierung.

Derzeitige Faserorientierungen im Krempelflor weisen ein Längs-Quer-Verhältnis (MD/CD-Verhältnis) von 6:1 auf [3]. Weiterhin wurden Krempelflore mit einem MD/CD-Verhältnis von 7:1 bis 8:1 durch Modifikationen der Krempel erzielt, was jedoch zu erheblichen Faserschädigungen in den Faserfloren führte [8]. Aufgrund der derzeit – im Vergleich zu anderen Halbzeugen mit gestreckten Fadenscharen — geringen Faserorientierung der Vliesstoffe und somit der verringerten mechanischen Kennwerte der entstandene rCFK (carbonfaserverstärkte Faserverbunde aus recycelten Carbonfasern), erfolgt eine Anwendung der Verbunde bisher ausschließlich in Bereichen mit geringeren Anforderungen an die mechanischen Kennwerte. Weiterhin lassen sich bisher rCFK nur mit einem maximalen Faservolumengehalt (FVG) von 20-44 % [6], [9], [10] erzielen, was sich ebenfalls auf wirre Faserorientierungen zurückführen lässt. Wirrliegende Fasern erschweren das Imprägnieren der Halbzeuge und bewirken zudem Lufteinschlüsse, was den Faservolumengehalt verringert.

Aus diesen Gründen ist eine Optimierung der Faserorientierung notwendig.

1.1.2   Zielstellung

Im Rahmen des Forschungsvorhabens wurde die Optimierung einer Faserausrichtung im Krempelflor durch eine Nachorientierung im Magnetfeld untersucht. Zur Erreichung einer Magnetisierbarkeit der Fasern im Flor wurden von den Partnern zwei unterschiedliche Forschungsansätze verfolgt, die einerseits die Erzeugung magnetisierbarer Fasern durch äußeren Auftrag einer Schlichte (STFI, im Wesentlichen Carbonfasern), und andererseits die Einbringung eines magnetisierbaren Fluids in den Kern von Hohlfasern (FIBRE) zum Ziel hatten. Die dafür entwickelte Projektstruktur ist in Abbildung 1 schematisch dargestellt. Im Ergebnis wurden damit einerseits Fasern hoher Festigkeit untersucht, bei denen aber die magnetisierbare Komponente äußerlich zugänglich bleibt, und andererseits Fasern mit niedrigerer Festigkeit, bei denen aber die magnetisierbare Komponente im Inneren der Faser gekapselt ist.

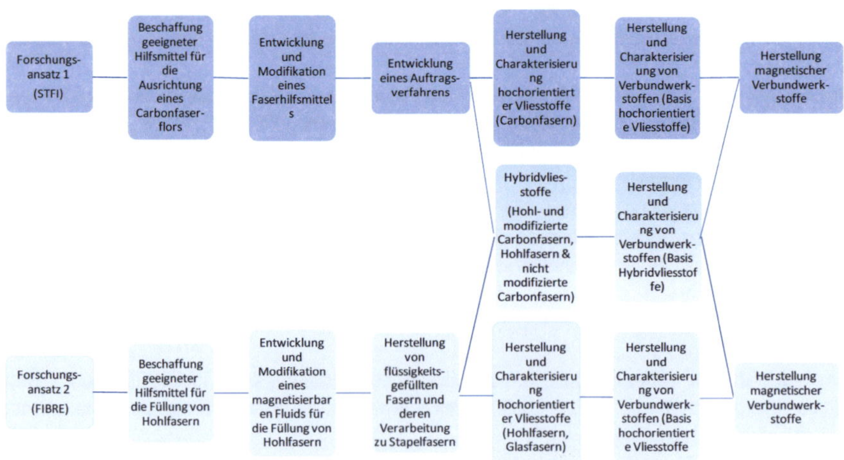

Abbildung 1:   schematische Darstellung der Projektstruktur.

Teilprojekt 1 „Faserflornachorientierung biegesteifer Fasern mit magnetisierbarer Schlichte" ist im korrespondierenden Schlussbericht des Partners STFI ausführlich dargestellt.

Im Teilprojekt 2 „Nachorientierung von Hohlfasern mit magnetisierbarem Kern" des FIBRE war das Ziel der Arbeiten, Hohlfasern mit einem magnetisierbaren Fluid zu füllen, und so eine Magnetisierbarkeit und final eine Erhöhung der Ausrichtung der Fasern im Flor zu erreichen. Die Hohlfasern sollten dabei im Schmelzspinnverfahren hergestellt und die Flüssigkeit mittels einer speziellen Spinndüse kontinuierlich in die Fasern integriert werden. In Vorarbeiten hatten sich als Mantelpolymere Polypropylen bzw., falls eine niedrige Viskosität erforderlich ist, auch Polyethylen bewährt. Falls die Viskosität der des einzubringenden Fluids hoch genug ist, können auch höher schmelzende Polymere wie Polyamid zum Einsatz kommen. Die hergestellten Multifilamentgarne wurden anschließend zu Stapelfasern verarbeitet, wobei die Faserenden thermisch verschlossen wurden, um ein Austreten der Flüssigkeit zu verhindern. Die Nachorientierung der Fasern im Flor findet hier wie im Forschungsansatz 1 mittels Magnetfeld statt. Abbildung 2 zeigt Hohlfasern die im Rahmen von Vorarbeiten beim Ausspinnen im Schmelzspinnprozess mit Flüssigkeit gefüllt wurden.

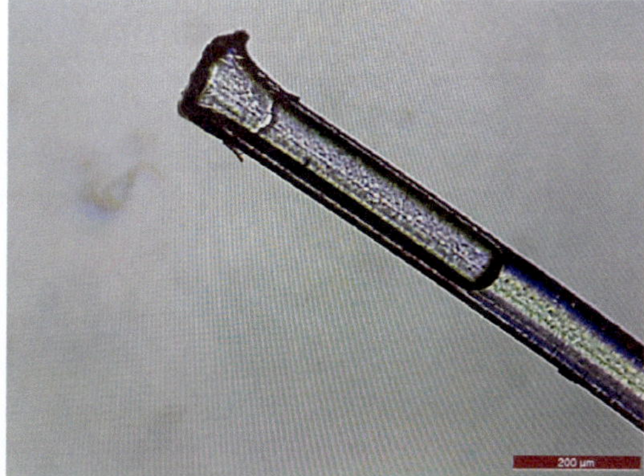

Abbildung 2:   Vorarbeiten aus vorherigen Projekten: Austritt von flüssigkeitsgefüllten Hohlfasern aus der Spinndüse (links) und Mikroskopaufnahme einer Faser (rechts).

Die entwickelten Hohlfasern sollten zudem wahlweise mit Glas- oder Carbonfasern zu Hybridvliesstoffen verarbeitet werden. Hierdurch wurde geprüft, ob sich durch die Mischung mit MF gefüllter Hohlfasern mit nicht modifizierten Glas – oder Carbonfasern ebenfalls eine Orientierung im homogenen Magnetfeld der Carbonfasern hervorrufen lässt. Ziel war, bei einem höheren Anteil von Hohlfasern (im Hybridvliesstoff), die Glas- oder Carbonfasern zu orientieren. Zur Vergleichbarkeit wurden jeweils 100%ige Carbonfaservliesstoffe mit modifizierten Carbonfasern sowie 100% ige Glasfaservliesstoffe mit modifizierten Glasfasern (am STFI) hergestellt, um den Orientierungserfolg untersuchen zu können.
Weiterhin konnten die Hohlfasern (beim Schmelzen der Fasern) als Matrixmaterial dienen, um die Herstellung eines magnetischen Verbundes zu ermöglichen.

Hierbei wurde die Wirkung des Austretens der Flüssigkeit aus den Hohlfasern während der Imprägnierung überprüft und als mögliche Alternative eine thermoplastische Vollfaser mit eingeschmolzenen Eisenpartikeln (im Kern, Mantel oder Querschnitt) untersucht.

Die entwickelten, hochorientierten Vliesstoffe, sowohl Hybridvliesstoffen, als auch modifizierten Glas-und Carbonfaservliesstoffen, wurden zu magnetischen Verbunden verarbeitet. Zur Erzielung einer höheren Magnetisierbarkeit von duromeren Verbundwerkstoffen wurde die Zugabe von zusätzlichen magnetischen Partikeln zum Harzsystem überprüft.

Beide Forschungsansätze dienten der Erhöhung der Faserorientierung im Faserflor und somit der Entwicklung eines „rezyklierten Tapes". Ziel war das Erreichen einer Orientierung von 8:1 ohne eine erhöhte Faserschädigung.

Dies sollte ermöglichen:

> Ausschöpfen des gesamten Potenzials der rezyklierten Carbonfaser,
> Erhöhung der Tiefziehfähigkeit des Vliesstoffes, da Fasern ohne Verhaken aneinander vorbei gleiten können,
> Bei rezyklierten Carbonfasern Nutzung der elektrischen Leitfähigkeit der gerichteten Fasern im Vliesstoff, ggf. als Heizelement,
> erstmalige Nutzung von magnetisierbaren Hohlfasern zur Herstellung hoch gerichteter Flore,
> Erhöhen des Faservolumengehaltes in Verbunden (da die Kompaktierbarkeit der Vliesstoffe erhöht und Rückstellkräfte durch fehlende Umorientierung verringert werden),
> Erstellen eines magnetischen Verbundes
> Übertragung des Verfahrens auf andere (spröde) Hochleistungsfasern (Basaltfaser, Glasfaser),
> Herstellung hybrider magnetisierbarer Verbunde aus magnetisierbaren Glas & Hohlfasern sowie Carbon- & Hohlfasern.

1.2   *Abgrenzung vom Stand der Wissenschaft und Technik*

1.2.1   Stand der Technik

Aufgrund der Wichtigkeit der Thematik sind bereits Forschungsarbeiten zu dem Thema der Faserorientierung im Bereich der Herstellung von Garnen aus Carbonfasern und Carbonfaservliesstoffen erfolgt. Die Nachfolgende Aufzählung ist beispielhaft und erhebt keinen Anspruch auf Vollständigkeit.

1.2.1.1   *Hochorientierte, bandförmige Textilstrukturen*

Im Projekt „Carbo Yarn" (AiF-Projekt GmbH, 19814 N, 01/2018-09/2020) untersuchte das Institut für Textiltechnik der RWTH Aachen University gemeinsam mit dem Institut für Textil- und Verfahrenstechnik-Denkendorf (ITV) ein Spinnverfahren zur Herstellung von rCF-Stapelfasergarnen. Fokus der Arbeiten lag auf der Entwicklung eines geeigneten Spinnverfahrens zur Herstellung eines Carbonfasergarns, aufbauend auf weitere Projekte am ITV zur Herstellung von Carbonfasergarnen (Entwicklung eines Spinnverfahrens zur Herstellung eines Garns aus recycelten Carbonfasern – Phase 2, Deutsche Bundesstiftung Umwelt, AZ: 29910-2, 12/2014-06/2016).

Am Institut für Textilmaschinen und Textile Hochleistungswerkstofftechnik (ITM), Dresden befassten sich Forschungsvorhaben mit der Herstellung orientierter Halbzeuge aus Carbonfasern mit Fokus auf der

Herstellung von Hybridgarnen. Im Projekt „Verspinnung von Hybridgarnen auf recycelten Carbonfasern" (DFG CH 174/34-1 (10/2013 – 12/2016)) konnte ein Garn auf Basis von rCF kombiniert mit PA6 -Fasern entwickelt werden.

Weiterhin wurden am ITM im BMBF-FOREL-Verbundvorhaben „3DProCar" - Flexible Prozessketten für thermoplastische integral gefertigte FKV-Bauteile mit komplexer Geometrie", rCF-Hybridgarne für Compositeanwendungen entwickelt. Fokus lag auf der Entwicklung einer industriegerechten, reproduzierbaren und kostengünstigen Technologie zur Hybridgarnherstellung basierend auf rCF kombiniert mit thermoplastischen Fasern. Mittels Krempelprozess und anschließender Verstreckung wurden Streckbänder hergestellt, die schließlich über einen Spezialflyer, Spezialfriktionsmaschinen oder Spezialumwindemaschinen zu einem Garn verarbeitet werden konnten. Die entwickelten Garne wurden anschließend mittels textiltechnischer Verfahren (u.a. Weben) in ein Flächengebilde überführt.

Weiterhin befasste sich das ITM im Projekt „Organobleche aus rCF-TFS" (IGF-Nr. 20512BR) mit der Entwicklung einer simulationsgestützen Fertigung von neuartigen Thermoplast-Faserband-Strukturen aus recycelten Carbonfasern (sog. rCF-TFS). Schwerpunkt war der Aufbau einer Prozesskette, bei der die rCF-TFS mittels modifizierter Krempel-, Strecken- und Banddoubliertechnik reproduzierbar gefertigt wurden. Die entwickelten strangförmigen Strukturen wurden schließlich zur Herstellung von Thermoplasthalbzeugen auf Basis von recycelten Carbonfasern verwendet.

1.2.1.2 Hochorientierte Carbonfaservliesstoffe

Das Institut für Textiltechnik der RWTH Aachen University (ITA) befasste sich im Projekt „MAI RecyTape" (Förderkennzeichen: 03MAI33A, 03/2015-06/2017) mit der Entwicklung einer Prozesslinie zur Herstellung von Tapes aus hochorientierten Recycling-Carbonfasern. Im Projekt wurden die Carbonfasern überwiegend mit thermoplastischen Fasern (PET) gemischt verarbeitet und anschließend thermisch konsolidiert. Durch die entwickelten Modifikationen konnte ein rCF-Vliestape mit einem MD/CD-Verhältnis von bis zu 7,34 erzielt werden.

Das Faserinstitut Bremen e.V. widmete sich im Projekt „CaroLin"- Carbonfaservliesstoffe optimiert für Luftfahrt Interieurbauteile (LuFo-V3, Nr. 20Q1704C, 01/2018 – 12/2020) der Möglichkeit orientierte Carbonfaservliesstoffe zu entwickeln. Im Rahmen des Projektes wurde ein neuartiges textiltechnisches Verfahren zur Herstellung von Carbonfaservliesstoffen erarbeitet. Ziel war, mittels einer Ansaugung der Fasern auf eine Rillenstruktur eine Orientierung der Fasern zu erzeugen. Die erhaltene Faserorientierung wurde mittels Bildanalyseverfahren bewertet. Der orientierte Vliesstoff soll schließlich als Basis für ein beheizbares Interieurbauteil dienen.

1.2.1.3 Carbonfaservliesstoffe am STFI

Auch beim Antragsteller des Teilprojekts 1 erfolgten bereits Arbeiten auf dem genannten Forschungsgebiet, die nun als Grundlage dienen können.

Im Rahmen der Vorlaufforschung „Sekundärroving" (Reg.-No. VF 120032) entwickelte das STFI ein Stapelfaserband auf Basis recycelter Carbonfasern. Unter Verwendung von 60 – 120 mm langen Carbonfasern aus der Recyclingaufbereitung entstand ein längs ausgerichtetes, parallelisiertes, fixiertes reines Carbonfaserband. Zur Bandverfestigung erfolgte der Auftrag eines epoxidharzverträglichen schmelzbaren Binders mittels Ringschlitzdüse. Die Einarbeitung des Bandes in unterschiedliche Flächengebilde wurde ebenfalls getestet.

Im Projekt „Thermoplastische rCF-Tapes" (VF 160012, 01.01.2017 – 30.06.2019) befassten sich das STFI und die Cetex Institut GmbH an der Technischen Universität Chemnitz mit der Entwicklung von

Carbonfasermaterialien in flächiger Tape-Form „rCF-Tapes" auf Basis rezyklierter Carbonfasern mit einer Faserlänge zwischen 60 – 80 mm. Durch eine thermische Konsolidierung entstanden Tapes mit einer Breite von 300 – 360 mm und einem Faservolumengehalt von 13 und 21 %.

Im FutureTex-Forschungsvorhaben „RecyCarb" (Förderkennzeichen 03ZZ0608) erfolgte eine ganzheitliche, verfahrenstechnische Betrachtung der Wertschöpfungskette für rezyklierte Carbonfasern. Fokus lag auf der Entwicklung eines prozessbegleitenden Monitorings zur Überprüfung der Faserorientierung der Carbonfaservliesstoffe, welche im Krempel- und Airlayverfahren erstellt wurden. Es erfolgte der funktionelle Wiedereinsatz von rCF durch die Verwendung der Fasern für qualitativ hochwertige Verbunde aus der Automobil- und Luftfahrtindustrie. Im Projekt konnten reine Carbonfaserflore mit einem MD/CD-Verhältnis von max. 6:1 entwickelt werden [3].

Im IGF-Projekt „Faserumorientierung — Entwicklung eines neuen Verfahrens zur Umorientierung von Fasern im Krempelflor zur Verbesserung der Isotropie von Festigkeitseigenschaften im Vliesstoff" (17679 BR) entstand eine Kämmvorrichtung zur Veränderung des Läng-Querverhältnisses (zur Umorientierung der Faser in Querrichtung) von PES-Vliesstoffen. Im Projekt wurden verschiedene Werkzeuge (Nadeln, Borsten, Zylinder und Luftdüsen) für die Kämmeinrichtung sowie unterschiedliche Thermoplastfasern getestet.

1.2.1.4   Schlichte für recycelte Carbonfasern

Im Rahmen des Vorhabens „ReCarbo" der Kunststoff-Institut Lüdenscheid GmbH und CFK Valley Stade Recycling GmbH & Co. KG (DBU AZ 30692) widmete man sich der Optimierung der Schlichte für recycelte Carbonfasern mit einer Faserlänge von 300-500 µm. Der Fokus lag auf der Optimierung von PP- und PU basierten Schlichten.

Im Rahmen des Vorhabens „CUSTOMISIZE" („New tailor-made sizing strategies for recycled carbon fibres to improve the mechanical properties of polymeric and cementitious composites"; Clean Sky 2, Horizon 2020, Grant agreement No 831858) wurde ab 2019 eine Schlichte für recycelte Carbonfasern, zur Verbesserung der Grenzflächenhaftung zu polymeren und zementartigen Matrizes entwickelt. Durch die Einarbeitung von Kopplungsmitteln in Schlichtesysteme soll die aktive Verbindung zwischen Faser-Schlichte- und Matrixsystem optimiert werden.

Mit der Entwicklung einer geeigneten Schlichte für rezyklierte Carbonfasern befasste sich zudem das Institut „CETMA-European Research Center for Technologies Design and Materials" in Kooperation mit dem Unternehmen ELG CF Ltd. Hierdurch entstand eine für rCF geeignete Schlichte, die von ELG vermarktet werden soll [11].

Weiterhin entwickelte die Fa. BYK ein sog. Couple Agent für Carbonfasern, das als Additiv bei einem sog. „Second Sizing" der Schlichte zugegeben oder auf die Schlichte aufgesprüht werden kann und die Faser-Matrix-Anbindung bei Vinylestern und ungesättigten Polyesterharzen verbessern soll [12].

1.2.1.5   Flüssigkeitsgefüllte Hohlfasern im Schmelzspinnverfahren am FIBRE

Im Rahmen des ZIM-Vorhabens BioComps (Biokompatibles Schmelz-spinnverfahren zur Herstellung künstlicher Biofilmfaser, FKZ = 16KN078726, Laufzeit: 01.04.2019 bis 30.09.2021) wurden am Faserinstitut Hohlfasern entwickelt, deren Hohlräume bzw. Kanäle mit temperaturempfindlichen flüssigen Substanzen gefüllt sind. Im IGF-Projekt „FibreFlow — Bionisch inspirierte flüssigkeitsgefüllte Hohlfasern mit stoßdämpfenden Eigenschaften" (Nr. 21633 N/1) werden ebenfalls flüssigkeitsgefüllte Hohlfasern entwickelt, die im Schmelzspinnverfahren hergestellt und direkt im Prozess mit Flüssigkeit gefüllt werden. Diese

Fasern können als Basis für stoßdämpfende Textilien eingesetzt werden. Die eingesetzten Flüssigkeiten sind hier ölbasiert.

Industrielle Garne, Textilien oder Forschungsarbeiten, bei denen die Magnetisierbarkeit von Fasern auf Hohlfasern basiert, welche mit einer magnetisierbaren Flüssigkeit gefüllt sind, sind nicht bekannt.

1.2.2 Abgrenzung des Vorhabens und Forschungsbedarf

Ziel des Vorhabens war die Entwicklung eines vollflächigen, auf 100 % Carbonfasern basierenden, orientierten Vliesstoffes oder eines hochorientierten Hybridvliesstoffes basierend auf magnetischen Hohlfasern und Carbonfasern. Dies sollte durch eine Nachorientierung des Faserflors erzielt werden.

1.2.2.1 Abgrenzung zu genannten Projekten mit dem Ziel der Herstellung von bandförmigen Strukturen

Die Verwendung und Modifikation von Maschinen aus der Spinnerei/Garnherstellung sind nicht vorgesehen. Die Orientierung des Faserflors soll über die gesamte Warenbreite (Arbeitsbreite bis zu 1,0 m) erfolgen. Auch werden, anders als bei den Arbeiten am ITM oder ITA, keine Mischungen von Carbonfasern mit thermoplastischen Faserkomponenten (wie bspw. PA oder PP) angestrebt, sondern ausschließlich mit den vom FIBRE entwickelten magnetisierbaren Hohlfasern zu Testzwecken zur Ausrichtung im Magnetfeld.

1.2.2.2 Abgrenzung zu genannten Projekten mit dem Ziel der Herstellung von hochorientierten Carbonfaservliesstoffen

Ziel des Vorhabens ist mittels magnetischer Nachorientierung einen hoch gerichteten 100 %igen Faserflor zu erzielen. Eine mechanische Nachbehandlung wie im Projekt „RecyTape" ist nicht vorgesehen.

Anders als im Projekt „thermoplastische rCF-Tapes" wird eine Faserflorbildung mittels 100% Carbonfasern oder eine Kombination mit den entwickelten Hohlfasern angestrebt, zudem soll die Nachorientierung des Faserflors nicht mechanisch erzielt werden.

Weiterhin wird keine mechanische Faserumorientierung wie im IGF-Projekt „Faserumorientierung – Entwicklung eines neuen Verfahrens zur Umorientierung von Fasern im Krempelflor zur Verbesserung der Isotropie von Festigkeitseigenschaften im Vliesstoff" (17679 BR) erfolgen.

1.2.2.3 Forschungsbedarf

Trotz bisheriger Forschungsvorhaben in dem Bereich der Herstellung hochorientierter Vliesstoffe, besteht Bedarf an der Entwicklung eines Verfahrens zur Herstellung von hochorientierten Faservliesstoffen.

Die derzeitig erzielbaren MD/CD-Verhältnisse von 6:1 bis max. 8:1 (mit Beschädigung der Faser) sind nicht ausreichend für den Faserverbundbereich und verhindern einen großflächigen Einsatz von recycelten Carbonfasern bedingt durch die niedrigen erzielbaren Faservolumengehalte und somit auch Festigkeiten der CFK basierend auf recycelten Carbonfasern (rCFK).

Eine Verbesserung der Orientierung bewirkt eine Steigerung der Verwendung von recycelten Carbonfasern. Dies ermöglicht das Ausschöpfen des gesamten Potenzials der Faser (hinsichtlich Steifigkeit und Festigkeit) und somit den hochwertigen, funktionellen Wiedereinsatz der energieaufwändig gewonnen Carbonfaser.

Insbesondere bei Pyrolysefasern, welche keine Schlichte mehr aufweisen, besteht u.U. das Problem einer nicht optimalen Faser-Matrix-Anhaftung [13].

Forschungsansatz 1 würde nicht nur die Optimierung der Faserorientierung ermöglichen, sondern auch die Faser-Matrix-Haftung verbessern. Das ohnehin erforderliche Aufbringen einer neuen Schlichte für die Verbundherstellung kann dabei im selben Schritt erfolgen.

Weiterhin führt eine verstärkte Faserorientierung in Längsrichtung zu einer Erhöhung der Tiefziehfähigkeit des Vliesstoffes. Die Fasern können ohne Verhaken aneinander vorbeigleiten, was die Drapierbarkeit des textilen Halbzeuges deutlich verbessert.

Forschungsansatz 2 ermöglicht parallel erstmalig die Herstellung hoch orientierter Flore auch aus thermoplastischen Hohlfasern. Hier sollen einerseits Stapelfasern zur Herstellung von Floren auch in Mischung mit anderen, nicht magnetisierbaren Fasern genutzt werden, andererseits können auch direkt Endlosfasern als Bänder zur gezielten Einbringung in Halbzeuge erzeugt werden.

Die Orientierung / Parallelisierung der Fasern führt zudem zu einer besseren Imprägnierbarkeit des Halbzeuges. Rückstellkräfte, welche bedingt durch die in z-Richtung umorientierten Fasern auftreten, werden unterbunden und der Harzfluss während der Imprägnierung erleichtert.

Weiterhin ermöglicht die Ausrichtung der Fasern eine verbesserte Kompaktierung der Halbzeuge im Werkzeug bei der Herstellung eines Verbundes, was zu erhöhten Faservolumengehalten führt.

Durch die Verwendung einer magnetischen Flüssigkeit kann ein magnetischer Verbund erzeugt werden, der eine Vielzahl neuer Anwendungsfelder ermöglicht.

Weiterhin ist die Nutzung der elektrischen Leitfähigkeit aufgrund der gerichteten Carbonfasern möglich. Eine Anwendung z.B. als Heizelement wäre hierdurch denkbar.

1.3 Technischer Lösungsansatz und Arbeitspakete

1.3.1 Technischer Lösungsansatz

Als Ausgangsmaterial für die Faserflorherstellung dienen Pyrolysefasern oder Roving-/Verschnittreste mit einer Faserlänge von 70 – 110 mm. Pyrolysefasern weisen i.d.R. keine Schlichte mehr auf, während Roving-/Verschnittreste mit einer Schlichte versehen sind. Die Carbonfasern sollen im Krempelverfahren zu Faserfloren mit einem Flächengewicht von max. 20-25 g/m² und einer Arbeitsbreite von max. 1,0 m verarbeitet werden.

Anschließend erfolgt entweder ein Auftrag der modifizierten, magnetischen Flüssigkeit (Forschungsansatz 1), oder es werden Hohlfasern mit magnetisierbarem Kern erzeugt (Forschungsansatz 2).

Forschungsansatz 1 ist im korrespondierenden Schlussbericht des Partners STFI ausführlich dargestellt und wird hier nur soweit geschildert, wie für die gemeinsamen Arbeitspakete erforderlich.

Für die Arbeiten beider Partner musste eine geeignete Konstruktion zur Erzeugung eines Magnetfels mit einer entsprechenden Feldstärke zur Ausrichtung der beschichteten Fasern entwickelt werden. Zur Erzielung eines homogenen, statischen Feldes wird wurden unter Verwendung unterschiedlicher Magnete, wie Permanentmagnete, Elektromagnete (STFI) und Helmholtz-Spulen (FIBRE) ein geeigneter Versuchsaufbauten entwickelt, um die Ausrichtung der Fasern im Faserflor durch das Magnetfeld realisieren zu können. Die Partner mussten gezielt verschiedene Systeme beschaffen und diese bei Bedarf untereinander austauschen bzw. gemeinsam nutzen, um damit das Spektrum der technischen Möglichkeiten und Magnetfeldstärken optimal abzudecken.

Bei Forschungsansatz 2 stand die Erzeugung von Hohlfasern mit magnetisierbarem Kern im Vordergrund.

In enger Zusammenarbeit mit dem Partner STFI wurden dazu ähnliche bzw. möglichst identische magnetisierbare Partikel ausgewählt. Zur Füllung der Hohlfasern im Spinnprozess mussten diese in geeignete Fluide hoher Viskosität eingebracht werden, um einen ausreichenden Druckaufbau in der Spinndüse zu gewährleisten. Als Mantelpolymere wurden dabei wegen ihrer niedrigen Viskosität zunächst PP oder PE eingesetzt. Alternativ kam auch das Compoundieren der Partikel in ein niedrig schmelzendes Polymer in Frage, wobei statt einer Hohlfaser eine Bikomponentenfaser erzeugt wurde. Hier kämen im Mantel der Faser auch höher schmelzende Polymere wie PA in Frage.

Aus den im Spinnprozess erzeugten endlosen magnetisierbaren Fasern wurden im Anschluss Stapelfasern geschnitten. Hierbei war ein Verschließen der Faserenden erforderlich, um den Verlust der magnetisierbaren Füllung zu vermeiden. Das Verfahren ist bereits in Voruntersuchungen erfolgreich getestet worden und wurde bereits im Rahmen des Projekts FibreFlow (Nr. 21633 N/1) weiterentwickelt. Die magnetisierbaren Hohlfasern werden anschließend zu 100 % oder in Mischung mit z.B. Glasfasern (am FIBRE) oder Carbonfasern (am STFI) im Krempelverfahren zu Floren verarbeitet, die anschließend magnetisch nachorientiert werden.

Parallel dazu fanden zudem vergleichende Versuche an 100 % Glasfasern mit magnetisierbarer Schlichte des Partners STFI statt, um einerseits Vergleichswerte zu den Arbeiten des Partners STFI mit Carbonfasern zu erhalten, und andererseits die unterschiedlichen Wirkungen der Magnetisierbarkeit mittels Schlichte vs. Hohlfaserkern bewerten zu können.

Arbeitspakete

Aufgrund der genannten Lösungsansätze ergaben sich die im Folgenden genannten Arbeitspakete (AP). Die AP, welche den Projektpartner betreffen, sind der Übersichtlichkeit halber mit aufgeführt, aber grau markiert.

AP1: **Recherche und Beschaffung geeigneter Schlichtesysteme, Faserhilfsmittel und Partikel**

AP1.1: Recherche und Beschaffung geeigneter Schlichtesysteme und Partikel für die Ausrichtung eines Carbonfaserflors (STFI)

AP1.2: **Recherche und Beschaffung geeigneter magnetisierbarer Partikel und Hilfsmittel für die Füllung von Hohlfasern (FIBRE)**

Im Rahmen des Arbeitspaketes werden geeignete magnetisierbare Partikel und Fluide geeigneter Viskosität sowie ggf. Emulgatoren für die Einbringung der Partikel in hoher Konzentration in den Faserkern ermittelt und beschafft. Hierbei werden auch niedrig schmelzende Polymere berücksichtigt.

AP2: **Entwicklung und Modifikation eines geeigneten Schlichtesystems/Faserhilfsmittels**

AP2.1: Entwicklung und Modifikation eines geeigneten Schlichtessystems für die Ausrichtung eines Carbonfaserflors (STFI)

AP2.2: **Entwicklung und Modifikation eine magnetisierbaren Fluids mit geeigneter Viskosität für die Füllung von Hohlfasern (FIBRE)**

Die Beschaffung der magnetisierbaren Partikel erfolgt in Absprache mit dem STFI. Dies soll die Kombination beider Forschungsansätze und eine gute Vergleichbarkeit der Resultate ermöglichen. Je nach rheologischer Eigenschaft der Partikel bzw. deren Emulsionen werden diese mit Fluiden geeigneter Viskosität gemischt (bzw. selbst emulgiert), um einerseits einen

ausreichenden Druck im Spinnprozess zu garantieren und andererseits ein Verstopfen der Düsen zu vermeiden. Falls einzelne Chargen der Partikel zu stark agglomerieren, kann ggf. die Einbringung der Partikel auch durch Compoundieren in ein niedrig schmelzendes Polymer erfolgen, so dass als Produkt Bikomponentenfasern mit magnetisierbarem Kern entstehen.

AP3: **Herstellung von flüssigkeitsgefüllten Fasern und deren Verarbeitung zu Stapelfasern inklusive Verschließen der Faserenden**

Im Primärspinnprozess werden aus geeigneten Polymeren (zunächst PP, PE) für den Mantel unter Einbringung der magnetisierbaren Fluide aus AP 2.1 Hohlfasern mit magnetisierbarem Kern gesponnen. Diese Endlosfasern werden anschließend zu Stapelfasern geschnitten. Hierbei ist ein Verschließen der Faserenden durch lokales Verschmelzen erforderlich, um den Verlust der magnetisierbaren Füllung zu vermeiden. Das Verfahren ist bereits in Voruntersuchungen erfolgreich getestet worden und wird z.Zt. im Rahmen des Projekts FibreFlow (Nr. 21633 N/1) weiterentwickelt, so dass diese Ergebnisse direkt in die Arbeiten in Falona einfließen können.

AP4: **Entwicklung eines geeigneten Auftragsverfahrens auf den Faserflor (STFI)**

AP5: **Entwicklung und Herstellung hochorientierter Vliesstoffe mittels Magnetfeld**

AP5.1: **Herstellung und Charakterisierung hochorientierter Vliesstoffe mit magnetisierbarer Schlichte (STFI)**

AP5.2: **Herstellung und Charakterisierung hochorientierter Vliesstoffe auf Basis von Hohlfasern mit magnetisierbarem Kern (FIBRE)**

Im Rahmen des APs wird die Ausrichtung von Floren aus den im AP 3 erzeugten Hohlfasern mit magnetisiertbarem Kern im Magnetfeld untersucht. Zur Ausrichtung der Fasern wird in Zusammenarbeit mit dem Partner STFI eine Vorrichtung im Labormaßstab entwickelt. Neben der Art der Vorrichtung muss die Erzeugung der entsprechenden Feldstärke durch Auswahl angepasster Feldspulen beachtet werden. Dies soll teilweise im Rahmen eines Unterauftrags ermöglicht werden.

Die Charakterisierung der nachorientierten Flore erfolgt analog zum AP 5.1 durch:

- bildanalytische Messung der Faserorientierung sowie die Ermittlung mechanischer Kennwerte im Verbund
- Charakterisierung der Faserschädigung mittels REM
- Überprüfung der Faserenden (vor allem hinsichtlich Verlust von magnetisierbarem Fluid aus dem Hohlraum)

AP6: **Herstellung und Charakterisierung von Verbundwerkstoffen auf Basis hochorientierter Vliesstoffe**

AP6.1: **Herstellung und Charakterisierung von Verbundwerkstoffen auf Basis hochorientierter rCF-Vliesstoffe (STFI)**

AP6.2: **Herstellung und Charakterisierung von Verbundwerkstoffen auf Basis hochorientierter Hohlfaservliesstoffe (FIBRE)**

Im AP werden duromere und thermoplastische Verbundwerkstoffe auf Basis hochorientierter Hohlfaservliesstoffe entwickelt und charakterisiert. Die Arbeiten umfassen Vliesstoffe ausschließlich aus magnetisierbaren Hohlfasern sowie Mischungen mit Glasfasern als Verstärkung.

Die Materialcharakterisierung erfolgt analog zu AP 6.1.

AP6.3: **Herstellung und Charakterisierung von Verbundwerkstoffen auf Basis hochorientierter Hybridvliesstoffe aus Hohlfasern und Glasfasern (STFI & FIBRE)**

Im AP werden duromere und thermoplastische Verbundwerkstoffe auf Basis hochorientierter Hybridvliesstoffe entwickelt und charakterisiert. In diese Verbunde fließen die Fasern beider Partner ein, so das ermittelt werden kann, welche Magnetfeldstärken die Kombination von magnetisch gefüllten Hohlfasern und magnetisierbarer Schlichte auf Glasfasern erzielt werden können.

Das AP wird gemeinsam von beiden Projektpartnern bearbeitet.

AP7: <u>**Herstellung und Charakterisierung magnetischer Verbundwerkstoffe**</u>

AP7.1: Herstellung und Charakterisierung magnetsicher Verbundwerkstoffe auf Basis hochorientierter rCF-Vliesstoffe (STFI)

AP7.2: **Herstellung und Charakterisierung magnetischer Verbundwerkstoffe auf Basis hochorientierter Hohlfaservliesstoffe (FIBRE)**

Im AP werden durch Zugabe magnetischer Additive, in Form von magnetischen Partikeln oder MF zu duromeren Matrixsystemen, magnetische Verbunde entwickelt.

AP7.3: **Herstellung und Charakterisierung magnetischer Verbundwerkstoffe auf Basis hochorientierter Hybridvliesstoffe aus Hohl- und Glas- oder Carbonfasern (STFI und FIBRE)**

Im Rahmen des APs werden durch Zugabe magnetischer Additive, in Form von magnetischen Partikeln oder MF, zu duromeren Matrixsystemen magnetische Verbunde auf Basis der orientierten Carbonfaserflore (STFI) und Glasfaserflore (FIBRE) entwickelt.

Weiterhin erfolgt die Verarbeitung der entwickelten Hybridvliesstoffe, welche aus nicht Hohlfasern kombiniert mit nicht modifizierten Glas- (FIBRE) oder Carbonfasern bestehen, zu magnetischen Verbunden.

Hierbei wird untersucht, ob es zu einem Austreten der magnetischen Flüssigkeit aus den Hohlfasern während des Aufschmelzvorgangs kommt, und falls ja, wie es sich auswirkt. Als mögliche Alternative wird zudem in diesem Fall geprüft, ob Bikomponentenfasern mit eingeschmolzenen magnetischen Partikeln (im Kern) zur Herstellung des magnetischen Verbundes besser geeignet sind.

Das AP wird gemeinsam von beiden Projektpartnern bearbeitet.

Die Arbeitsteilung innerhalb der korrespondierenden VF-Anträge von FIBRE und STFI ist durch den gemeinsamen, in Abbildung 3 dargestellten Arbeitsplan geregelt.

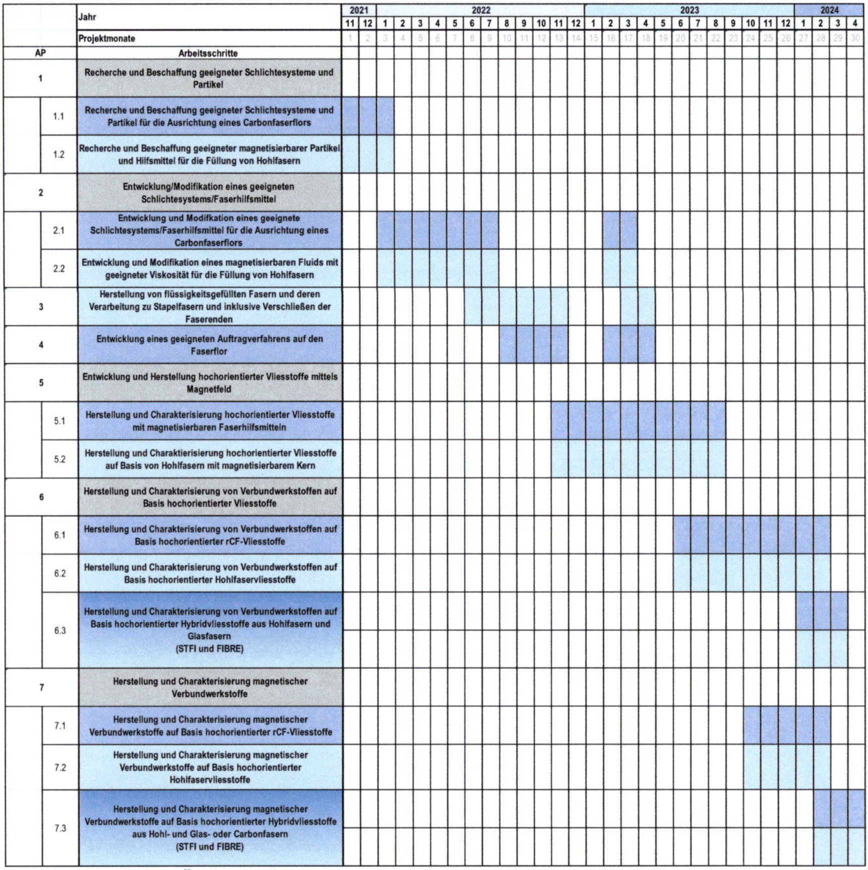

The following schedule chart ("Abbildung 3") maps 30 Projektmonate to calendar months (2021-11 to 2024-04). Shaded cells: **●** = dunkelblau (APs STFI), **○** = hellblau (APs FIBRE).

Projektmonate 1–15

AP	Nr.	Arbeitsschritte	1	2	3	4	5	6	7	8	9	10	11	12	13	14	15
		Jahr	2021	2021	2022	2022	2022	2022	2022	2022	2022	2022	2022	2022	2022	2022	2023
		Monat	11	12	1	2	3	4	5	6	7	8	9	10	11	12	1
1		Recherche und Beschaffung geeigneter Schlichtesysteme und Partikel															
	1.1	Recherche und Beschaffung geeigneter Schlichtesysteme und Partikel für die Ausrichtung eines Carbonfaserflors	●	●	●												
	1.2	Recherche und Beschaffung geeigneter magnetisierbarer Partikel und Hilfsmittel für die Füllung von Hohlfasern	○	○	○												
2		Entwicklung/Modifikation eines geeigneten Schlichtesystems/Faserhilfsmittel															
	2.1	Entwicklung und Modifkation eines geeignete Schlichtesystems/Faserhilfsmittel für die Ausrichtung eines Carbonfaserflors			●	●	●	●	●	●							
	2.2	Entwicklung und Modifikation eines magnetisierbaren Fluids mit geeigneter Viskosität für die Füllung von Hohlfasern			○	○	○	○	○	○							
3		Herstellung von flüssigkeitsgefüllten Fasern und deren Verarbeitung zu Stapelfasern und inklusive Verschließen der Faserenden									○	○	○	○			
4		Entwicklung eines geeigneten Auftragverfahrens auf den Faserflor										●	●	●		●	●
5		Entwicklung und Herstellung hochorientierter Vliesstoffe mittels Magnetfeld															
	5.1	Herstellung und Charakterisierung hochorientierter Vliesstoffe mit magnetisierbaren Faserhilfsmitteln													●	●	●
	5.2	Herstellung und Charaktierisierung hochorientierter Vliesstoffe auf Basis von Hohlfasern mit magnetisierbarem Kern														○	○
6		Herstellung und Charakterisierung von Verbundwerkstoffen auf Basis hochorientierter Vliesstoffe															
	6.1	Herstellung und Charakterisierung von Verbundwerkstoffen auf Basis hochorientierter rCF-Vliesstoffe															
	6.2	Herstellung und Charakterisierung von Verbundwerkstoffen auf Basis hochorientierter Hohlfaservliesstoffe															
	6.3	Herstellung und Charakterisierung von Verbundwerkstoffen auf Basis hochorientierter Hybridvliesstoffe aus Hohlfasern und Glasfasern (STFI und FIBRE)															
7		Herstellung und Charakterisierung magnetischer Verbundwerkstoffe															
	7.1	Herstellung und Charakterisierung magnetischer Verbundwerkstoffe auf Basis hochorientierter rCF-Vliesstoffe															
	7.2	Herstellung und Charakterisierung magnetischer Verbundwerkstoffe auf Basis hochorientierter Hohlfaservliesstoffe															
	7.3	Herstellung und Charakterisierung magnetischer Verbundwerkstoffe auf Basis hochorientierter Hybridvliesstoffe aus Hohl- und Glas- oder Carbonfasern (STFI und FIBRE)															

Projektmonate 16–30

AP	Nr.	Arbeitsschritte	16	17	18	19	20	21	22	23	24	25	26	27	28	29	30
		Jahr	2023	2023	2023	2023	2023	2023	2023	2023	2023	2023	2023	2024	2024	2024	2024
		Monat	2	3	4	5	6	7	8	9	10	11	12	1	2	3	4
1		Recherche und Beschaffung geeigneter Schlichtesysteme und Partikel															
	1.1	Recherche und Beschaffung geeigneter Schlichtesysteme und Partikel für die Ausrichtung eines Carbonfaserflors															
	1.2	Recherche und Beschaffung geeigneter magnetisierbarer Partikel und Hilfsmittel für die Füllung von Hohlfasern															
2		Entwicklung/Modifikation eines geeigneten Schlichtesystems/Faserhilfsmittel															
	2.1	Entwicklung und Modifkation eines geeignete Schlichtesystems/Faserhilfsmittel für die Ausrichtung eines Carbonfaserflors	●	●													
	2.2	Entwicklung und Modifikation eines magnetisierbaren Fluids mit geeigneter Viskosität für die Füllung von Hohlfasern	○	○													
3		Herstellung von flüssigkeitsgefüllten Fasern und deren Verarbeitung zu Stapelfasern und inklusive Verschließen der Faserenden	○	○	○												
4		Entwicklung eines geeigneten Auftragverfahrens auf den Faserflor	●														
5		Entwicklung und Herstellung hochorientierter Vliesstoffe mittels Magnetfeld															
	5.1	Herstellung und Charakterisierung hochorientierter Vliesstoffe mit magnetisierbaren Faserhilfsmitteln	●	●	●	●	●										
	5.2	Herstellung und Charaktierisierung hochorientierter Vliesstoffe auf Basis von Hohlfasern mit magnetisierbarem Kern	○	○	○	○	○										
6		Herstellung und Charakterisierung von Verbundwerkstoffen auf Basis hochorientierter Vliesstoffe															
	6.1	Herstellung und Charakterisierung von Verbundwerkstoffen auf Basis hochorientierter rCF-Vliesstoffe					●	●	●	●	●	●					
	6.2	Herstellung und Charakterisierung von Verbundwerkstoffen auf Basis hochorientierter Hohlfaservliesstoffe								○	○	○	○				
	6.3	Herstellung und Charakterisierung von Verbundwerkstoffen auf Basis hochorientierter Hybridvliesstoffe aus Hohlfasern und Glasfasern (STFI und FIBRE)													●	●	●
7		Herstellung und Charakterisierung magnetischer Verbundwerkstoffe															
	7.1	Herstellung und Charakterisierung magnetischer Verbundwerkstoffe auf Basis hochorientierter rCF-Vliesstoffe									●	●	●	●			
	7.2	Herstellung und Charakterisierung magnetischer Verbundwerkstoffe auf Basis hochorientierter Hohlfaservliesstoffe										○	○	○			
	7.3	Herstellung und Charakterisierung magnetischer Verbundwerkstoffe auf Basis hochorientierter Hybridvliesstoffe aus Hohl- und Glas- oder Carbonfasern (STFI und FIBRE)													●	●	●

Abbildung 3:   Übersicht über die Arbeitspakete, dunkelblau APs STFI, hellblau APs FIBRE.

1.4   Darstellung des technischen Risikos und Maßnahmen zu dessen Begrenzung

Aufgrund der bereits erläuterten Kompetenzen des Antragsstellers werden die technischen Risiken des Projektes als beherrschbar eingeschätzt.

Tabelle 1 zeigt die erwarteten technischen Risiken und die vorgesehenen Maßnahmen zu dessen Begrenzung.

Tabelle 1: Technische Risiken des Projekts und geplante Begrenzungsmaßnahmen.

Technisches Risiko	Maßnahme zu dessen Begrenzung
Herstellung einer stabilen Dispersion (Verhindern von Entmischung und Sedimentation)	Zugabe von Additiven zur Verbesserung der Stabilisierung, Überprüfung verschiedener Dispergier- und Mischapparate (unter Verwendung eines Dreiwalzenwerk, EXAKT 80, E Exakt, Advanced Technologies GmbH oder eines High speed dispersers „Ultra-Turrax T25", IKA®-Werke GmbH & CO. KG) mit unterschiedlichen Scherraten zur Auflösung von Agglomeraten.
Schwierigkeiten beim Handling (Transport zur Verfestigung) des Faserflors wegen geringem Flächengewicht von max. 20 – 25 g/m²	Verwendung eines zusätzlichen Silikonpapiers zur Unterstützung der Transportfähigkeit des Faserflors, ggf. Fixierung der Fasern durch einen zusätzlichen Klebefilm (Sprühkleber) oder ein Klebeweb
Verklebung der Fasern an Faserkreuzungspunkten im Faserflor während Besprühung	Verwendung unterschiedlicher Basisschlichten und Hilfsmittel, Variieren der Auftragsmenge und Härtungszeit, um Verklebungen zu vermeiden
Probleme der Faser-Matrix-Haftung aufgrund der Verwendung von Nanopartikeln	Variation der Auftragsmenge auf die Fasern, Verringerung des Partikelgehaltes in MF
Ablösen der Nanopartikel während der Harzimprägnierung	Überprüfung unterschiedlicher Faserhilfsmittel zur Verbesserung der Haftung des modifizierten Hilfsmittels und der Partikel auf der Faser, testen unterschiedlicher Imprägnierverfahren, (Handlaminierverfahren, Vakuuminjektionsverfahren) um eine Partikelablösung zu verhindern
Zu geringer Partikelanteil zur Magnetisierung des gesamten Verbundwerkstoffes	Zugabe von Nanopartikeln zur Matrixkomponente, um magnetischen Effekt zu verstärken
Verlust von magnetisierbarem Fluid aus den Hohlfasern	Überprüfung verschidenern Verschlussverfahren als Alternative, Übergang zu Bikomonentenfasern mit niedrig schmelzendem Polymer als Träger der magnetiserbaren Partikel im Kern
Mangelnde Ausrichtung des Faserflors bei Hohlfasern durch zu geringe Biegesteifigkeit	Verwendung hochschmelzenderer Polymere oder Mischung mit Glasfasern in der Florherstellung
Partikelflug bei der Herstellung von Prüfkörpern	Anpassung der Werkzeugauswahl, Magnetabscheider zur Verhinderung des unkontrollierten Partikelflugs

2 Darstellung der erzielten Vorhabensergebnisse

Im Folgenden sind die im Projekt erzielten Ergebnisse entsprechend der Arbeitspakete aufgeführt.

2.1 AP 1: Recherche und Beschaffung geeigneter Schlichtesysteme und Partikel

2.1.1 AP1.2 Recherche und Beschaffung geeigneter magnetisierbarer Partikel und Hilfsmittel für die Füllung von Hohlfasern

2.1.1.1 Geplante Ziele AP 1.2

Im Rahmen des Arbeitspaketes wurden geeignete magnetisierbare Partikel und Fluide mit geeigneter Viskosität sowie ggf. Emulgatoren für die Einbringung der Partikel in unterschiedlichen Konzentrationen in den Faserkern ermittelt und beschafft. Hierbei spielten die Größe der Partikel sowie deren Größenverteilung eine entscheidende Rolle.

2.1.1.2 Durchgeführte Tätigkeiten AP 1.2

Es wurde eine Recherche hinsichtlich potentiell geeigneter Öle durchgeführt, die sich als Basis zur Herstellung einer für den Spinnprozess kompatiblen magnetisierbaren Flüssigkeit eignen. Ein wichtiges Kriterium stellt hier die Temperaturbeständigkeit dar, um die Flüssigkeit im Spinnprozess verarbeiten zu können. Des Weiteren muss die Viskosität bei Verarbeitungstemperatur berücksichtigt werden, um einen ausreichend hohen Druckaufbau in der Spinndüse zu gewährleisten. Die Viskosität wird wiederum durch den Partikelgehalt beeinflusst. Folgende Öle zeigen Potential hinsichtlich der Eignung als Basis zur Herstellung der magnetisierbaren Flüssigkeit:

> Raffiniertes Sojaöl (Siedepunkt: > 350 °C bei 1013 hPa, EG-Nr.: 232-274-4, chemiekontor.de GmbH)
> Raffiniertes Kokosöl (Siedepunkt: > 350 °C, EG-Nr.: 232-282-8, chemiekontor.de GmbH)
> Technische Silikonöle aus der Gruppe der Polydimethylsiloxane (PDMS) (z.B. Siliconöl, Produktnr. 85409, Sigma-Aldrich Chemie GmbH)

Neben geeigneten Ölen wurde auch hinsichtlich geeigneter Partikel recherchiert. Wesentliche Auswahlkriterien stellen hier neben den magnetischen Eigenschaften der Partikel die Größe und die Größenverteilung der Partikel dar. Folgende (zunächst auf Eisen basierende) Partikel wurden für erste Versuche ausgewählt:

> Eisen(II,III)-oxid; 20-30 nm; (NO-0049-SG-0500 IoLiTec-Ionic Liquids Technologies GmbH, Heilbronn
> Bayoxide E® 8706; 30 nm; (1317-61-9 LANXESS Energizing Chemistry)
> Bayoxide E® 8707 H; 20 nm; (1317-61-9 LANXESS Energizing Chemistry)

2.2 AP 2: Entwicklung / Modifikation eines geeigneten Schlichtesystems / Faserhilfsmittel

2.2.1 AP 2.2 Entwicklung und Modifikation eines magnetisierbaren Fluids mit geeigneter Viskosität für die Füllung von Hohlfasern

2.2.1.1 Geplante Ziele AP 2.2

Im Rahmen des Arbeitspaketes wurde aus den in AP 1 recherchierten magnetisierbaren Partikeln und Fluiden jeweils eine Variante ausgewählt, um aus diesen eine stabile Mischung als Kernkomponente für die zu entwickelnden Fasern herzustellen.

2.2.1.2 Durchgeführte Tätigkeiten AP 2.2

Aus den recherchierten Partikeln und Ölen wurden folgende Komponenten ausgewählt, um aus diesen eine hinsichtlich des Schmelzspinnprozesses kompatible Mischung herzustellen. Neben der Magnetisierbarkeit stellte hier die Temperaturbeständigkeit ein relevantes Kriterium dar:

> ➤ Partikel: Bayoxide E® 8706-Partikel
> ➤ Öl: Raffiniertes Sojaöl (Siedepunkt: > 350 °C bei 1013 hPa, EG-Nr.: 232-274-4, chemiekontor.de GmbH)

Aus den beiden Komponenten wurde anschließend eine Dispersion hergestellt, welche magnetische Eigenschaften aufweist (Abbildung 4). Diese magnetisierbare Flüssigkeit wurde in AP 3 im Spinnprozess eingesetzt.

Abbildung 4:   Magnetisierbare Flüssigkeit im Magnetfeld.

2.3 AP 3 Herstellung von flüssigkeitsgefüllten Fasern und deren Verarbeitung zu Stapelfasern inklusive Verschließen der Faserenden

2.3.1.1 Geplante Ziele AP 3

Die in AP 2.2 entwickelte magnetisierbare Flüssigkeit wurde in AP 3 im Schmelzspinnprozess als flüssige Kernkomponente in eine Hohlfaser intergiert. Dazu wurde zunächst ein angepasster Spinnprozess mit Flüssigkeitsdosiersystem entwickelt.

2.3.1.2 Durchgeführte Tätigkeiten AP 3

Zur Herstellung der flüssigkeitsgefüllten Fasern wurde ein Verfahren entwickelt, bei dem auf der im Faserinstitut zur Verfügung stehenden Bikomponenten-Schmelzspinnanlage das Mantelpolymer in einem Doppelschneckenextruder aufgeschmolzen und zur Spinnpumpe befördert wird. Parallel dazu wird über ein entwickeltes Flüssigkeitsdosiersystem die Flüssigkeit, welche als Kernkomponente eingesetzt wird, aus einem Behälter mittels Zahnrad- oder Schlauchpumpe befördert. Um ein Abkühlen der Spinndüse zu verhindern, wird die Flüssigkeit vor dem Eintritt in die Spinndüse erwärmt. Druck und Temperatur werden mittels Sensoren überwacht (Abbildung 5).

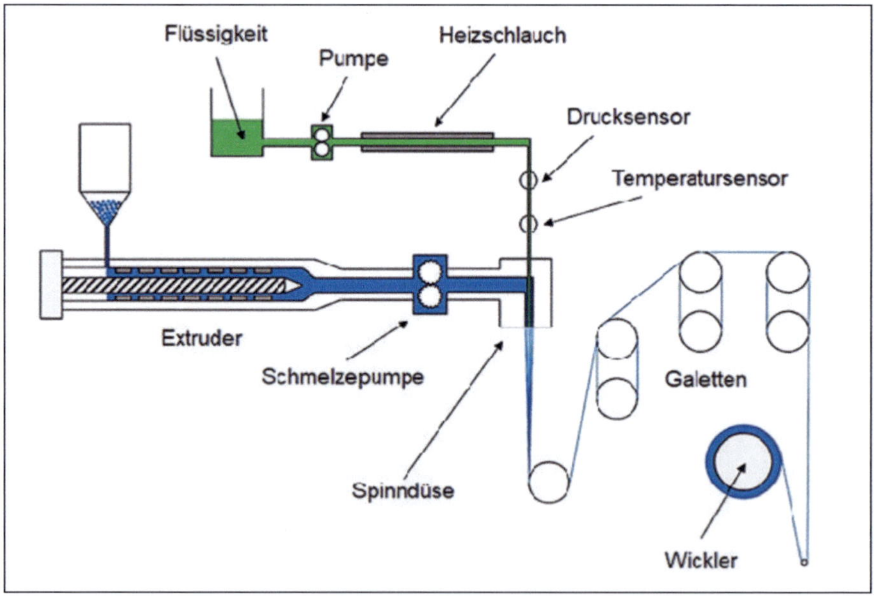

Abbildung 5:	Herstellung von flüssigkeitsgefüllten Hohlfasern im Schmelzspinnprozess.

Mit der in AP 2.2 hergestellten magnetisierbaren Flüssigkeit wurden anschließend gefüllte Hohlfasern zunächst auf der Basis von PE als Mantelpolymer hergestellt, da der Einsatz von PP zu hohe Faserinhomogenitäten bezüglich des Querschnitts ergab. Beim Ausspinnen kam es jedoch mit der Zeit zum Ver-

stopfen der Düsenbohrungen und zusätzlich zu einem Entmischen von Partikeln und Öl. Abbildung 6 zeigt mit magnetisierbarer Flüssigkeit gefüllte Hohlfasern ohne Abzug nach Austritt aus der Spinndüse.

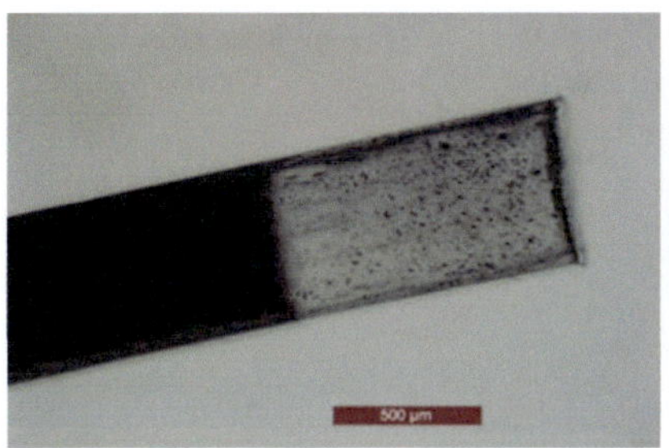
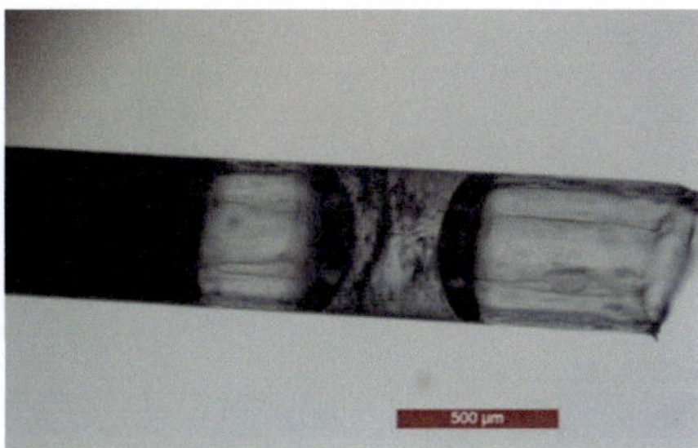

Abbildung 6:   Mit magnetisierbarer Flüssigkeit gefüllte Hohlfasern.

Da die magnetische Flüssigkeit nicht erfolgreich stabilisiert werden konnte, wurde als Alternative ein kommerzielles Ferrofluid beschafft und in einem ersten Schritt erfolgreich über Kapillarkräfte in leere Hohlfasern integriert (Abbildung 7). Im nächsten Schritt wurden zur Ermittlung des benötigten Füllvolumens und des damit verbundenen Anteils an Ferrofluid in der Faser zur erfolgreichen Ausrichtung im Magnetfeld verschiedene Hohlfasern hergestellt. Anschließend wurden diese über Kapillarkräfte gefüllt und im Magnetfeld ausgerichtet, bevor die kontinuierliche Herstellung der gefüllten Fasern erfolgte.

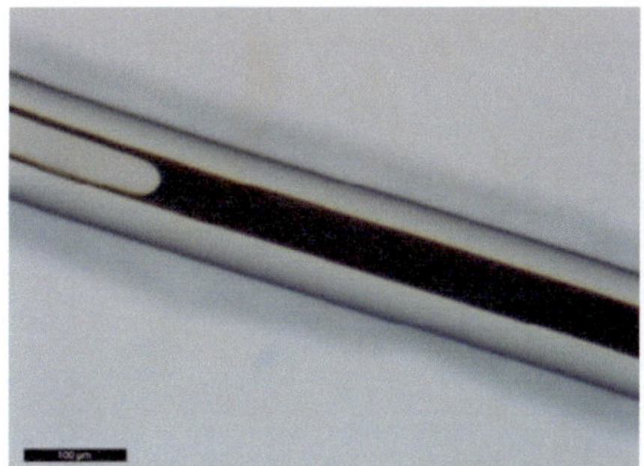
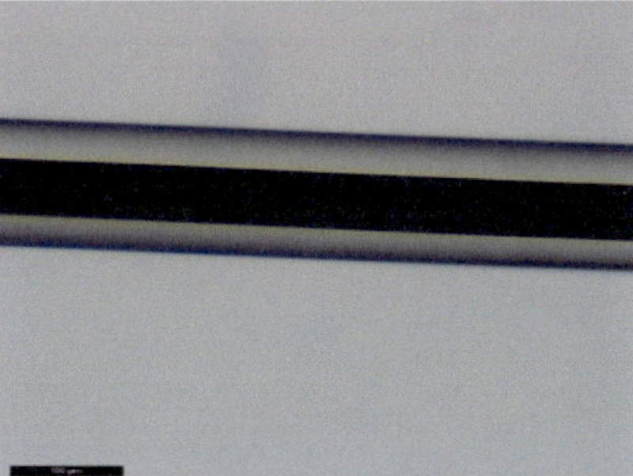

Abbildung 7:   Über Kapillarkräfte mit Ferrofluid gefüllte Hohlfasern.

Zum Verschließen der Faserenden wurden verschiedene Schneidwerkzeuge (Metallschere, Klinge, Blech mit 0,35 und 0,5 mm Dicke) auf die Ausspinntemperatur von 130 °C erwärmt und anschließend auf die Filamentgarne, die aus ölgefüllten PE-Fasern bestanden, gepresst. Die Schnittkanten wurden anschließen im Lichtmikroskop untersucht. Das Blech mit 0,35 mm Stärke zeigte die besten Ergebnisse (Abbildung 8).

Auch wenn bei der Faserentwicklung erfolgreich mit magnetisierbarer Flüssigkeit gefüllte Hohlfasern hergestellt werden konnten, kam es bei der Herstellung im Schmelzspinnprozess jedoch dazu, dass die magnetisierbare Flüssigkeit sich nach einiger Zeit thermisch zersetzt, was zu Verstopfen einzelner Düsenbohrungen und damit zu einem instabilen Spinnprozess führte. Daher wurden als Alternative magneti-

sierbare Partikel in Polypropylen eincompoundiert und daraus magnetisierbare Fasern hergestellt. Da erfolgreich Monokomponentenfasern hergestellt werden konnten, bei denen die Faseroberfläche keine durch die Partikel verursachte Rauheit aufwies, entfiel die Notwendigkeit einen Schutzmantel aus reinem PP um den magnetisierbaren Kern zu legen. Zusätzlich konnte so der gewichtsspezifische Partikelanteil erhöht werden.

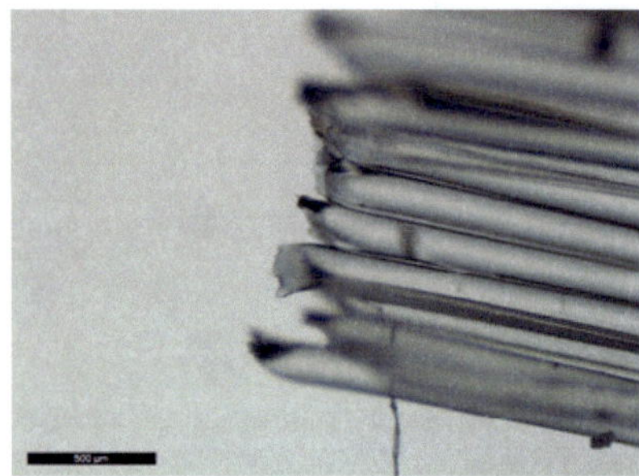
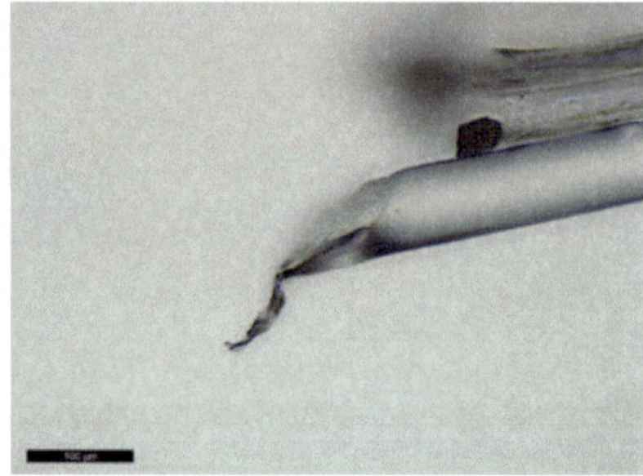

Abbildung 8:   Ölgefüllte mit einem heißen Blech geschnittene und verschlossene PE-Hohlfasern.

Zunächst wurde aus folgenden Materialien in den Mischungsverhältnissen 10 %, 20 % und 30 % (Gewichtsprozent) Compounds hergestellt und deren Ausrichtung im Magnetfeld mittels Helmholtz-Spulen getestet (Abbildung 9):

> PP Moplen HP561 R
> Bayoxide E® 8706; 30 nm; (1317-61-9 LANXESS Energizing Chemistry)

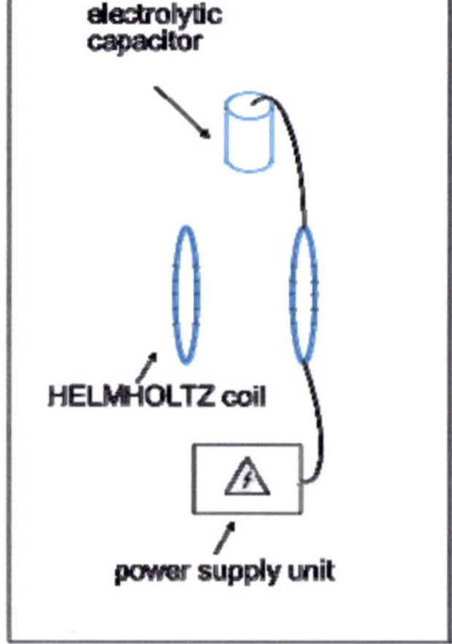

Abbildung 9:   Granulat mit 30 % Partikelgehalt (links) und Versuchsaufbau zur Messung der Ausrichtung im Magnetfeld (rechts).

Die Compounds mit 30 % Partikelgehalt zeigten die stärkste Reaktion im Magnetfeld. Daher wurden im Schmelzspinnprozess anschließend Fasern mit 30 % Partikelgehalt und unterschiedlichen Durchmessern hergestellt. Eine Übersicht der verwendeten Extrusionstemperaturen ist in Abbildung 10 dargestellt. Der Durchsatz betrug 2,1 kg/h und die Spinnpumpendrehzahl lag bei 30 U/min.

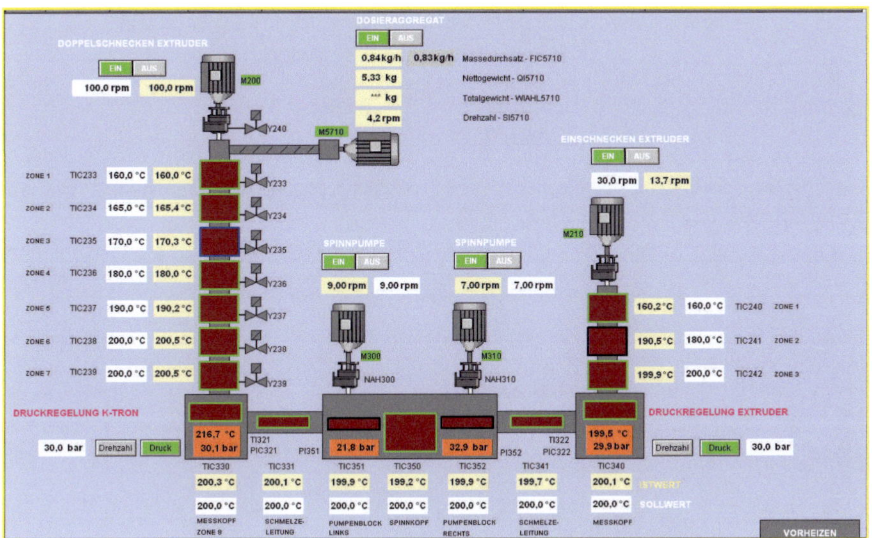

Abbildung 10:   Übersicht der verwendeten Spinnparameter.

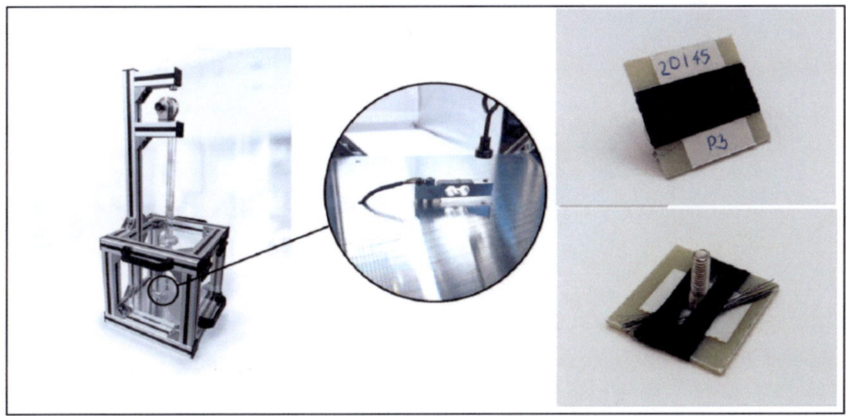

Abbildung 11:   Prüfstand zur Messung der Magnetkraft (links) und auf einem Probenhalter fixierte Faserproben (rechts).

Tabelle 2 zeigt eine Übersicht über die hergestellten Fasersorten. Um die Magnethaftkraft zu messen wurde ein Prüfstand entwickelt, bei dem ein Magnet auf einer Probenhalterung aufliegt, auf der die zu untersuchenden Fasern fixiert sind. Die Kraft, die benötigt wird, um den Magneten von der Probe zu entfernen, wird mittels Kraftsensor gemessen (Abbildung 11).

Tabelle 2: Übersicht über die hergestellten Faservarianten mit Eisenpartikeln

20 % Eisenpartikel	30 % Eisenpartikel
30 µm	30 µm
45 µm	45 µm
65 µm	65 µm

Die Ergebnisse der Messung der Magnetkraft sind in Abbildung 12 dargestellt. Die Fasern mit dem größten Durchmesser zeigen die höchste Magnetkraft.

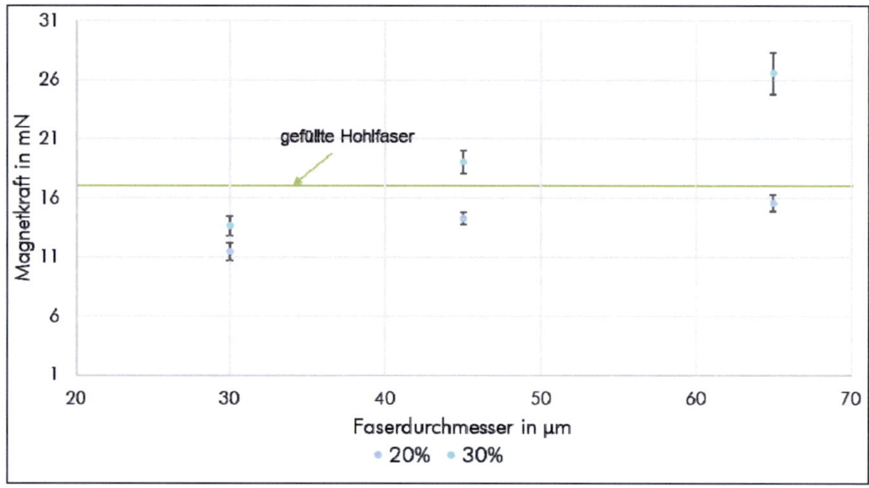

Abbildung 12:   Magnetkraft in Abhängigkeit vom Faserdurchmesser.

Tabelle 3: Extrusionstemperaturen beim Compoundierprozess in °C.

T-zone Nr.	1	2	3	4	5	6	7	8	9	10	11	12	13
Spülen	70	180	185	190	200	200	200	200	200	200	200	200	200
Extrudieren	70	180	185	190	200	210	215	220	220	220	220	220	220

Auf Grundlage dieser Erkenntnisse wurden von den Fasern mit 30 % Anteil an Eisenpartikeln Fasern mit einem Faserdurchmesser von ca. 80 µm hergestellt, da so der absolute Anteil an Eisenpartikeln weiter erhöht werden konnte. Dazu wurde zunächst erneut compoundiert und so PP und Eisenpartikel gemischt. Tabelle 3 gibt eine Übersicht über die verwendeten Extrusionstemperaturen. Im Anschluss an das Compoundieren wurde das Granulat zu Fasern versponnen. Es wurden 10 kg Fasern hergestellt, die

anschließend ans STFI versendet wurden. Abbildung 13 zeigt eine Lichtmikroskopaufnahme der hergestellten Filamente.

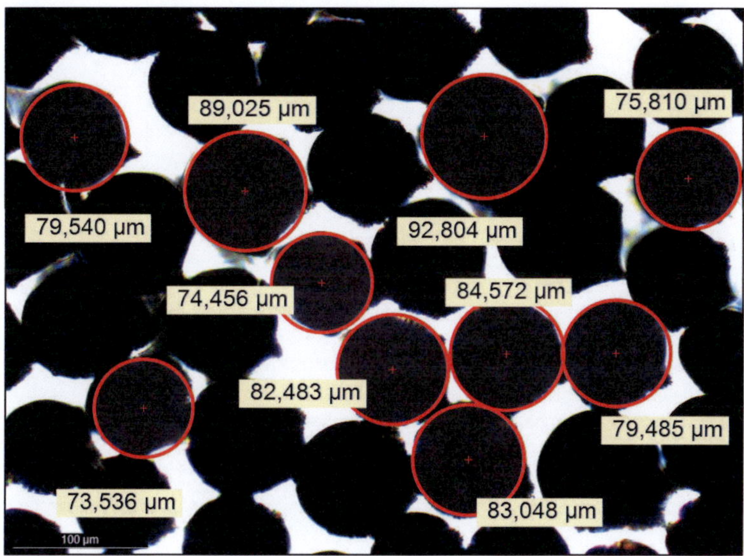

Abbildung 13:   Lichtmikroskopieaufnahme der magnetisierbaren PP-Fasern.

2.4 AP 5 Entwicklung und Herstellung hochorientierter Vliesstoffe mittels Magnet-
feld

2.4.1 Versuchsaufbau und Vorversuche

Die Eignung des Messaufbaus (Schema in Abbildung 14 rechts) wurde zunächst in einem Vorversuch mit
manuell geschnittenen Fasern getestet (Probe 80). Die Fasern wurden auf ein weißes Kartonpapier auf-
gestreut, das auf einem Holzbrett lag. Nach Aufnahme eines Bildes („vorher", Abbildung 14 links) mit der
Kameraeinheit für Orientierungsmessungen (Beschreibung s. [3]) wurde das komplette Brett vorsichtig in
ein Paar Helmholtzspulen mit 600 mm Durchmesser (HHS 5206-132, Schwarzbeck Mess-Elektronik,
Schönau, DE) geschoben und in immer gleichbleibender Höhe auf Holzböcken positioniert. Danach wurde die Spule für 5 Minuten mit einem Strom von 15 A beschickt (Feldstärke lt. Datenblatt 4713 A/m). Anschließend wurde das Brett mit den orientierten Fasern wieder unter der Kameraeinheit positioniert und in
derselben Position ein weiteres Bild („nachher") aufgenommen. Im ersten Vorversuch war der Effekt des
Magnetfeldes nach visuellem Eindruck schwach. Um die Reibungskräfte der Fasern an der Papierober-
fläche zu minimieren wurde in einem nachgeschalteten zweiten Magnetversuch dieselbe Probe nur auf
dem Kartonpapier ins Magnetfeld gehalten und das Papier durch wiederholtes Antippen von unten in
Vibration versetzt. Auch danach wurde das Papier wieder unter der Kamera positioniert und ein weiteres
Bild („nachher-2", Abbildung 14 Mitte) aufgenommen. Die zur Analyse der Faserorientierungsverteilung
verwendete Software wurde im FIBRE entwickelt und kommt u.A. auch im kommerziell erhältlichen NOS-
System zum Einsatz [14], [15], welches für die Messungen am STFI verwendet wird.

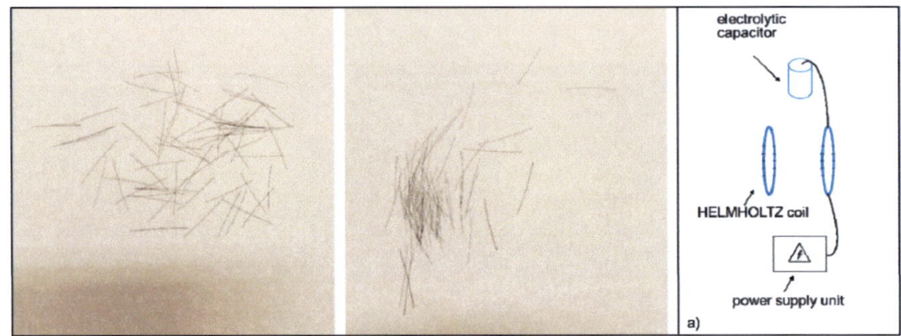

Abbildung 14: Vorversuch mit geschnittenen Fasern, links vor und Mitte nach der Ausrichtung im Magnetfeld, sowie Versuchsaufbau zur Messung der Ausrichtung im Magnetfeld (rechts).

Die Ausrichtung der Fasern im Magnetfeld konnte damit nachgewiesen werden. Der Aufbau wurde in dieser Form dann für die weiteren Analysen im Projekt benutzt.

Des Weiteren wurden Versuche zur Nachorientierung beim Projektpartner STFI in Chemnitz durchgeführt. Aufgrund der dort hergestellten Flore in größerer Breite kam dort auch das Helmholtz-Spulenpaar (HHS 5213-100, Schwarzbeck Mess-Elektronik, Schönau, DE) mit quadratischem Querschnitt und 1,25 m Kantenlänge zum Einsatz. Dieses ermöglicht bei 0,7 m Spulenabstand und 10 A Strom ca. 1000 A/m Feldstärke.

2.4.2 AP 5.1 Herstellung und Charakterisierung hochorientierter Vliesstoffe mit magnetisierbaren Faserhilfsmitteln

Um im Projekt gleichartige Analysen und Bewertungen zu garantieren wurden gemeinsame Versuchsreihen auch im STFI durchgeführt. Hier wurden im FIBRE hergestellte PP-Fasern mit 30% Eisenpartikeln (vgl. Abschnitt 2.4.3.1) in verschiedenen Mischungen mit PA6 und Carbonfasern gekrempelt und als Flor produziert. Eine Übersicht befindet sich in Tabelle 4. Die Faserorientierung des Flors wurde noch im STFI direkt mit dem dort vorhandenen NOS-System ermittelt.

Tabelle 4: Zusammensetzung der im STFI hergestellten Flore und Orientierung in NOS-Auswertung.

Probe	Zusammensetzung in %			MD/CD		Effekt
	PP + 30% Eisen	PA	CF	Vorher	Nachher	
M1	50	25	25	3,89	3,86	0,99
M2	80	0	20	5,00	4,99	1,00
M3	70	0	30	4,36	4,37	1,00
M4	50	0	50	4,90	4,84	0,99

Wie auch bei den Florproben des FIBRE (vgl. Abschnitt 2.4.3) ist hier kein Effekt der Magnetfeldbehandlung zu erkennen. Die zugehörige Diskussion dieses Phänomens folgt übergreifend in Abschnitt 2.4.4.

Um sicherzustellen, dass alle Ergebnisse institutsübergreifend vergleichbar sind, wurden exemplarisch die zu diesem Zweck gespeicherten Bilder der Probe M1 aus dem NOS System sowohl mit dem am FIBRE verwendeten höheren Magnitudenschwellwert, als auch mit der Standardeinstellung im NOS System

ausgewertet. In Abbildung 15 sind zur Verdeutlichung ein Grauwertbild der Probe M1 (links) sowie das ausgewertete Bild mit den ausgewerteten Fasern in Falschfarbendarstellung (rechts) dargestellt, wobei die Farbe die Orientierung repräsentiert. In beiden Bildern ist bereits visuell direkt die starke Orientierung in MD (senkrecht) zu erkennen. Beim NOS System werden standardmäßig alle Bildpunkte mit einer Kantenmagnitude größer 0 ausgewertet. Für die Versuche am FIBRE wurde mit der größeren Magnitudenschwelle gearbeitet, um zu verhindern, dass die Faserorientierung des Kartonpapiers, welches als Trägermaterial für die zu bewertenden Fasern verwendet wurde, mit in die Messung einfließt.

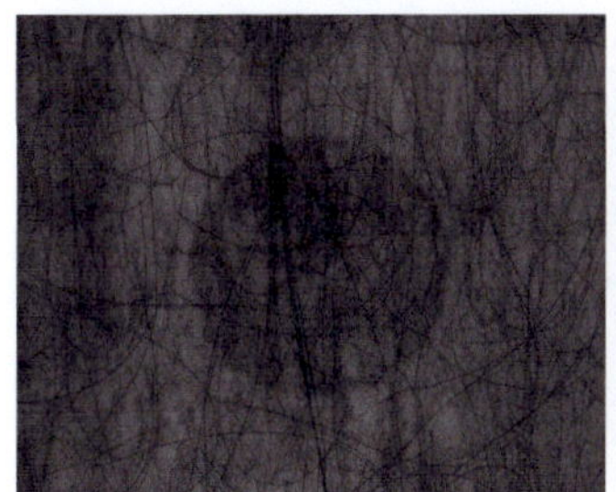
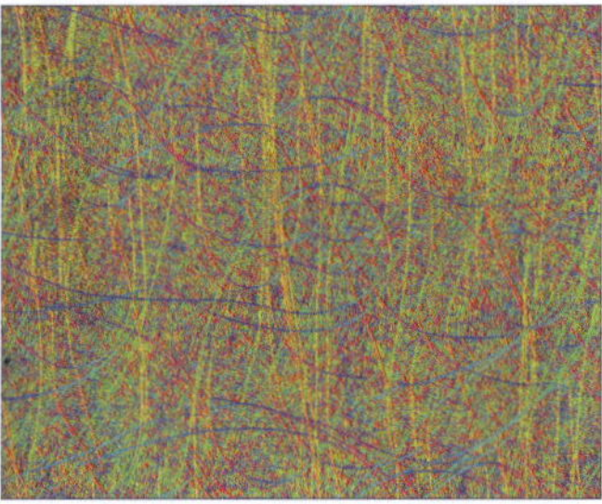

Abbildung 15: Grauwertbild (links) und Falschfarbendarstellung (rechts) der Florprobe M1. Analysierte Fasern sind farbig dargestellt.

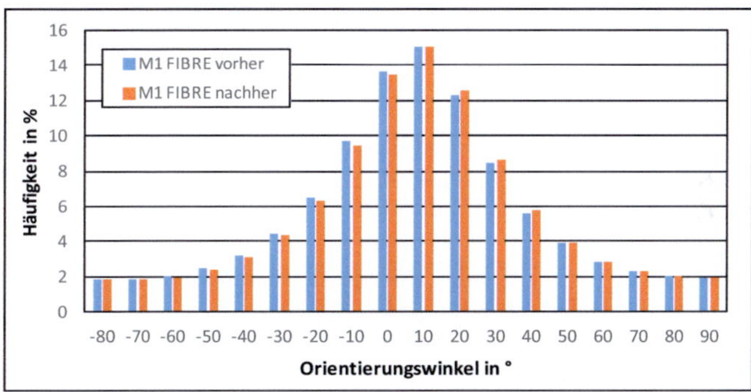

Abbildung 16: Orientierung der Florprobe M1 vor und nach Nachorientierung im Magnetfeld. FIBRE-Auswertung.

Zum Vergleich sind die Orientierungshistogramme der Probe M1 vor und nach der Magnetbehandlung dargestellt: in der FIBRE-Auswertung (Abbildung 16) sowie der NOS-Auswertung (Abbildung 17). Beide Auswertungen zeigen einen identischen Verlauf mit starker Vorzugsorientierung in MD-Richtung. Allerdings ist die Vorzugsorientierung mit der bei der Auswertung am FIBRE verwendeten größeren Magnitudenschwelle signifikant stärker zu erkennen: Das MD/CD-Verhältnis beträgt hier 6,96 (vorher) und 6,98 (nachher), während es in der Auswertung mit der Magnitudenschwelle des NOS-Systems 3,95 (vorher) und 3,94 (nachher) beträgt. Dies ist zwar quasi identisch mit den originalen NOS-Werten in Tabelle 4, kann aber bei der Verwendung der FIBRE-Parameter im direkten Vergleich einzelner Teilbereiche der Histogramme zu Varianzen im Vergleich zum NOS führen.

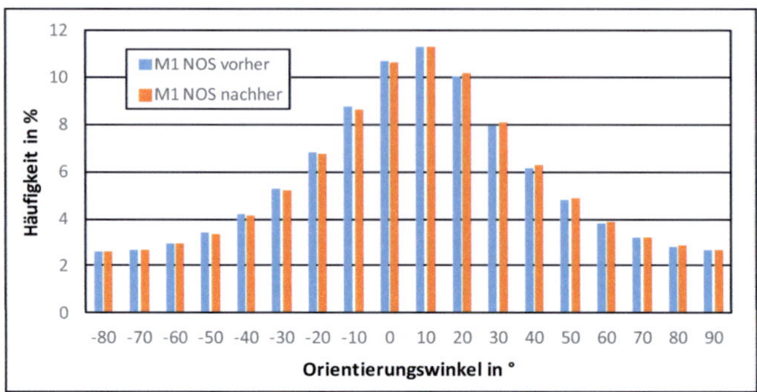

Abbildung 17: Orientierung der Florprobe M1 vor und nach Nachorientierung im Magnetfeld. NOS-Auswertung.

Allerdings wird der hier betrachtete Effekt des Magnetfeldes durch die Differenzen der Absolutwerte nicht beeinflusst: Der Quotient ist — gerundet auf zwei Nachkommastellen — in beiden Fällen 1,00 im Vergleich zu 0,99 aus den originalen NOS-Werten. Die Effektwerte aus beiden Messsystemen sind damit innerhalb der Messreihen beider Teilprojekte uneingeschränkt vergleichbar.

2.4.3 AP 5.2 Herstellung und Charakterisierung hochorientierter Vliesstoffe auf Basis von Hohlfasern mit magnetisierbarem Kern

2.4.3.1 Vliesstoffherstellung

Vliesstoffe wurden auf der Vliesstofflinie des FIBRE [16] (Abbildung 18; bestehend aus Faseröffner, Kastenspeiser, Krempel, Kreuzleger und Nadelmaschine, TECHNOplants s.r.l., Pistoia, IT) als Faserflore in 30 cm Breite produziert.

Abbildung 18: Labor-Vliesstofflinie (a) Gesamtansicht mit Öffner im Vordergrund, Krempel, Kreuzleger hinten links und Nadelmaschine hinten rechts; (b) Faserflor auf Übergabeband zum Kreuzleger und (c) Nadelfilz am Austrag der Nadelmaschine.

Da hier ausschließlich dünne Faserflore mit dem Ziel der Orientierungsmessung produziert werden sollten, wurde von der gesamten Linie lediglich die Krempel selbst betrieben. Die Fasern waren auf ca. 80 mm Länge geschnitten und wurden auf dem Zufuhrband nach dem Kastenspeiser manuell vorgelegt. Die Krempel ermöglicht nach Wegklappen des Transportbandes zum Kreuzleger statt Weiterverarbeitung das Aufspulen des Flores auf eine Sammelwalze (Abbildung 19). Hier wurde abweichend von der Darstellung im Bild noch zusätzlich eine Aluminiumfolie mit eingezogen, um den Flor als einzelne Lage unverändert ins Labor transportieren und ohne statische Aufladung weiter analysieren zu können.

Abbildung 19:   Krempel im Standalonebetrieb; Aufspulen des Flors auf Sammelwalze.

Die Flore wurden mitsamt der Aluminiumfolie vorsichtig von der Sammelwalze abgerollt und gefaltet, um sie ohne Änderung der Florgeometrie ins Labor transportieren zu können. Dort erfolgten schließlich die nachfolgend beschriebenen Orientierungsmessungen vor und nach der Nachorientierung im Magnetfeld.

2.4.3.2   Ausrichtung im Magnetfeld

Neben dem eingangs beschriebenen Vorversuch wurden insgesamt drei Varianten Flor im FIBRE erzeugt und untersucht. Dazu wurde auch das Granulat, welches zum Spinnen der magnetisierbaren Fasern eingesetzt wurde, auf seine Orientierbarkeit untersucht. Des Weiteren wurden Versuche zur Nachorientierung beim Projektpartner STFI in Chemnitz durchgeführt. Aufgrund der größeren Breite der dort hergestellten Flore kam dort das Helmholtz-Spulenpaar mit quadratischem Querschnitt und 1,25 m Kantenlänge zum Einsatz.

Tabelle 5: Ergebnisse der Nachorientierung im Magnetfeld

Probe	MD/CD		Effekt	Bemerkungen
	Vorher	Nachher		
30-45	0,92	0,92	1,00	30% Fe-Gehalt, 45 µm Faserdurchmesser
30-65	0,65	0,65	1,01	30% Fe-Gehalt, 65 µm Faserdurchmesser
20-30	0,99	0,98	0,98	20% Fe-Gehalt, 30 µm Faserdurchmesser
80	1,01	3,56	3,53	Ohne Vibration
80	1,01	18,98	18,82	Nach Vibration
Granulat	0,84	2,16	2,56	30% Fe-Gehalt

Da die Aluminiumfolie durch eingeprägte Muster und die vom Falten herrührenden Knickstellen eventuell Artefakte in der Bildanalyse verursacht hätte, wurden die Flore zur Messung vorsichtig auf weißes Kartonpapier überführt und analog zu den Vorversuchen gemessen. Die Ergebnisse sind in Tabelle 5 zusammengefasst. Als Effekt ist dort der Quotient aus MD/CD Wert vorher dividiert durch MD/CD nachher dargestellt. D.h. der Wert 1 entspricht einer unveränderten Probe, Werte >1 geben den Faktor an, um den sich die Orientierung in Richtung parallel zu den Magnetfeldlinien erhöht hat.

Deutlich zu erkennen ist, dass der größte Effekt mit Faktor 18,8 bei den geschnittenen Fasern mit zusätzlicher Vibration auftritt. Hier können die Fasern in den Momenten, in denen sie über dem Karton schweben, in idealer Weise parallel zu den Feldlinien ausgerichtet werden. Gleichzeitig ziehen sie sich im magnetisierten Zustand gegenseitig an — dies ist in Abbildung 14 (Mitte) auf S. 22 gut zu erkennen. Ohne Vibration ist der Effekt mit Faktor 3,5 bereits deutlich kleiner, weil die Fasern aufgrund ihrer Haftreibung auf dem Papier nur mit größerem Energieeintrag bewegt werden können. In Abbildung 20 sind zur Visualisierung die Orientierungshistogramme der drei Faserproben dargestellt.

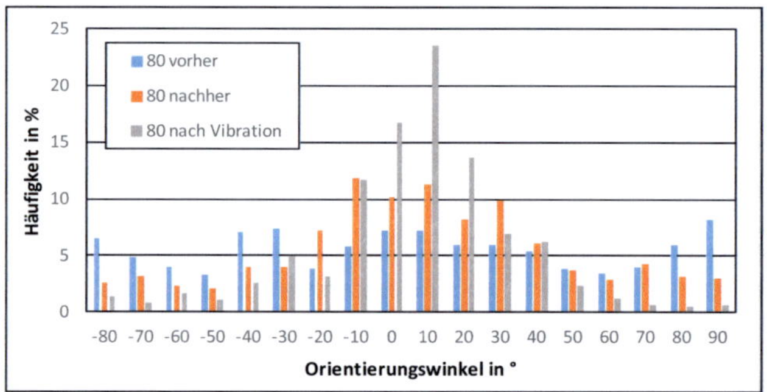

Abbildung 20: Orientierung der Faserprobe 80 vor und nach Nachorientierung im Magnetfeld.

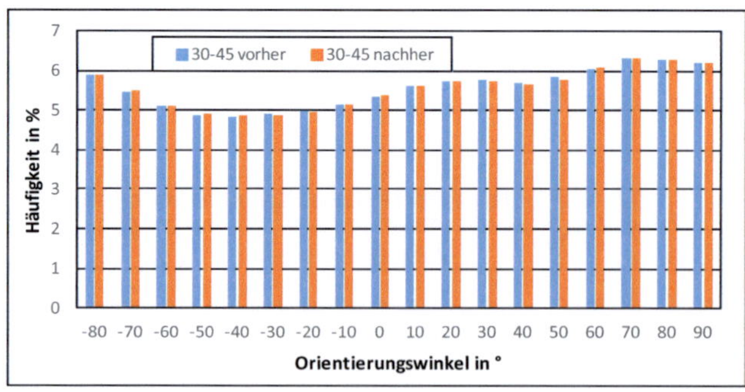

Abbildung 21: Orientierung der Florprobe 30-45 vor und nach Nachorientierung im Magnetfeld.

Dagegen ist bei allen drei Florproben trotz Unterstützung durch Vibration kein Effekt des Magnetfeldes zu erkennen. Die in Abbildung 21 – Abbildung 23 dargestellten Orientierungshistogramme zeigen zwar eine individuell unterschiedliche Grundorientierung der drei Flore (die unterschiedlichen Faserkennwerte füh-

ren zu unterschiedlichen Ergebnissen im Krempelprozess); ein Effekt der magnetischen Nachbehandlung ist jedoch bei keinem der drei Flore zu erkennen. Beispielhaft ist in Abbildung 24 Bild 5 der Probe vor und nach der Magnetfeldbehandlung dargestellt. Auch visuell ist hier kein Unterschied zwischen vorher und nachher zu erkennen. Dies bestätigt zwar einerseits die Funktionalität der Versuchsanordnung: es ist gelungen, alle Proben ohne Änderungen der Geometrie von der Bildanalyse in die Helmholtzspulen und wieder zurück zu überführen. Andererseits widerlegt dieses Ergebnis die Hypothese, dass durch Nutzung eines Magnetfeldes Faserflore nachorientiert werden können.

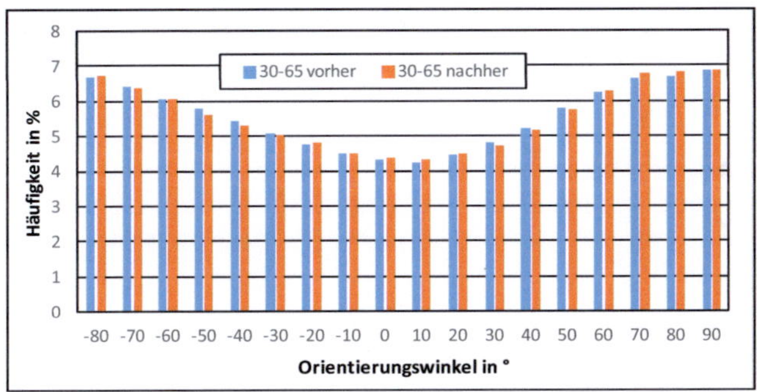

Abbildung 22:   Orientierung der Florprobe 30-65 vor und nach Nachorientierung im Magnetfeld.

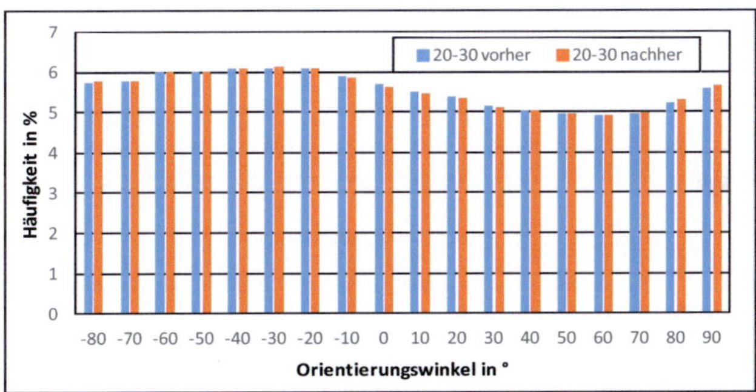

Abbildung 23:   Orientierung der Florprobe 20-30 vor und nach Nachorientierung im Magnetfeld.

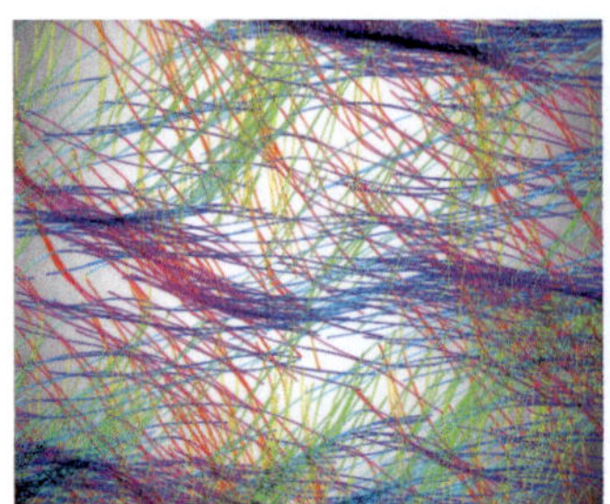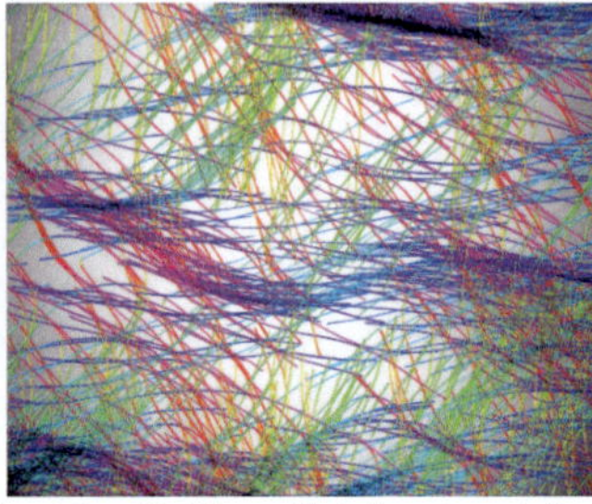

Abbildung 24:   Falschfarbendarstellung Bild 5 der Florprobe 30-65 vor (links) und nach (rechts) Nachorientierung im Magnetfeld. Analysierte Fasern sind farbig dargestellt.

Die untersuchte Granulatprobe zeigt aufgrund ihrer anderen Geometrie wieder ein anderes Verhalten. Die Orientierung steigt unter Vibration hier um den Faktor 2,5 (vgl. Tabelle 5). Die zugehörigen Histogramme sind in Abbildung 25 dargestellt. Die Vorzugsorientierung ist hier nicht so stark ausgeprägt wie bei den geschnittenen Fasern.

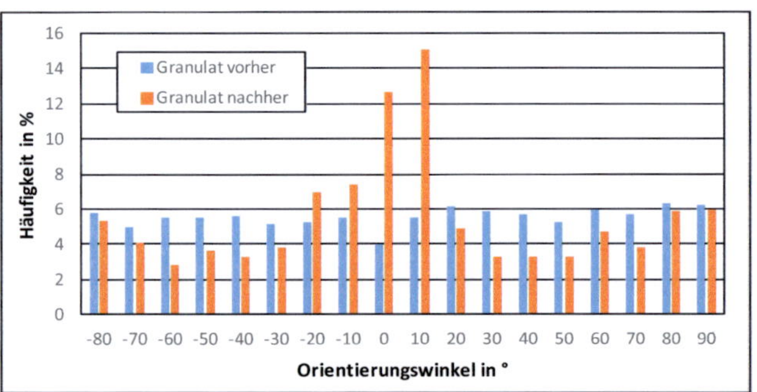

Abbildung 25:   Orientierung der Granulatprobe vor und nach Nachorientierung im Magnetfeld.

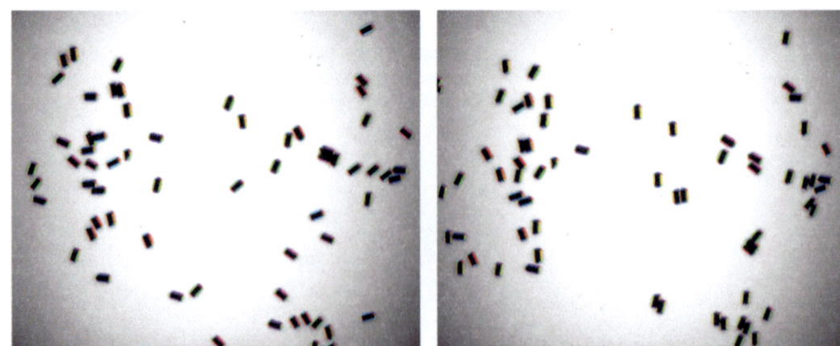

Abbildung 26:   Falschfarbendarstellung Bild 4 der Granulatprobe vor (links) und nach (rechts) Nachorientierung im Magnetfeld. Analysierte Granulatpartikel sind mit farbigem Rand dargestellt.

Dies wird auch anhand von Bild 4 der Probe vor und nach Magnetfeldbehandlung deutlich (Abbildung 26). Die Granulatpartikel sind zwar ähnlich wie Fasern rund und länglich, weisen aber im Vergleich zur Breite eine wesentlich kürzere Länge als Fasern auf. Die Länge beträgt hier das ca. 1,5- bis 2-fache der Breite, so dass die annähernd rechteckigen Partikel auch eine stabile Position quer zur Richtung der Magnetfeldlinien einnehmen können. Außerdem können Partikel „zusammenrollen", haften dann im Magnetfeld in beliebiger Position zusammen, und können aufgrund ihrer gemeinsamen Masse oder Außengeometrie ebenfalls nicht mehr ausgerichtet werden. Einzeln liegende Partikel richten sich dagegen auch visuell erkennbar gut aus.

2.4.4 Zusammenfassung und Diskussion Magnetfeld

Die in den vorangegangen Abschnitten präsentierten Ergebnisse des Arbeitspakets zeigen deutlich, dass:

> ➢ die gewählte Versuchsanordnung geeignet zur Untersuchung des Einflusses von Magnetfeldern auf die Probengeometrie ist. In den Ergebnissen ist nur der Einfluss der magnetischen Nachorientierung, aber kein Effekt des Probenhandlings zu erkennen.

> ➢ die Ausrichtung vereinzelter Materialien in Feldrichtung — hier dargestellt Granulat und kurz geschnittene Fasern — durch das Anlegen eines Magnetfelds sehr stark bis zum Faktor 18,8 gesteigert werden kann.

> ➢ im Gegensatz zur Arbeitshypothese gerade bei Faserfloren im Magnetfeld überhaupt keine Änderung der Orientierung im Magnetfeld erfolgt.

Die fehlende Nachorientierung der Flore ist insofern überraschend, als dass dieselben Fasern, vereinzelt vorgelegt, im selben Magnetfeld hervorragend orientiert werden können. Ursache hierfür könnte sein, dass die Fasern im Flor (vgl. Abbildung 24) nicht nur eng in dreidimensionaler, wirrer Anordnung zueinander liegen, sondern sich bei Anlegen des Magnetfeldes an allen Berührungspunkten gegenseitig anziehen und so vorübergehend ein dreidimensionales Netzwerk mit hoher mechanischer Stabilität bilden. Dieses Netzwerk wäre in sich starr, würde eine Umorientierung der Fasern ausschließen und im Ergebnis die beobachtete fehlende Nachorientierung liefern.

Dieser Effekt entspricht nicht der ursprünglichen Hypothese, so dass eine Nachorientierung von Floren auf diesem Wege nicht erreicht werden kann. Andererseits kann eine temporäre Stabilisierung von Floren oder anderen textilen Halbzeugen in anderen Prozessen durchaus erwünscht sein. So ist es in der Herstellung von Verbundwerkstoffen im RTM-Verfahren (*resin transfer moulding*) ein bekanntes Problem, dass eine zu hohe Viskosität der Harzmischung dazu führt, dass die Fließfront das Halbzeug vor sich herschiebt, statt es zu durchtränken. Eine Verwendung von magnetisierbaren Fasern in Verbindung mit einem ebenfalls magnetisierbaren Metallwerkzeug könnte hier das Prozessfenster erweitern und die Verwendung von Harzen höherer Viskosität ermöglichen. Weitere Szenarien sind Abläufe im Vorfeld der Verbundherstellung, in denen der Aufwand für die Geometrieerhaltung der Halbzeuge beim Handling / Transport durch eine magnetische Stabilisierung reduziert werden könnte.

2.5 AP 6.2 & 7.2 Herstellung und Charakterisierung von (magnetischen) Verbundwerkstoffen auf Basis hochorientierter Hohlfaservliesstoffe

Zur Herstellung von magnetischen Verbundwerkstoffen aus den am STFI geschnittenen und geöffneten Fasermischungen wurden zunächst auf der Laborkrempel am FIBRE Vliesstoffe gekrempelt. Dazu wurden zwei Fasermischungen verwendet: mit Eisenpartikeln versetzte PP-Fasern (74 %) gemischt mit Glasfasern (26 %) und mit Eisenpartikeln versetzte PP-Fasern (74 %) gemischt mit gekräuselten Fasern aus Polyamid 6 (PA6) (26 %).

Tabelle 6: Übersicht über die Prozessschritte und Prozessparameter beim Pressen der Verbundplatten

Prozessschritt	Solltemperatur Presse in °C	Pressdruck in bar
Werkzeug mit Textillagen wird in die Presse eingelegt	50	5
Temperatur und Druck werden erhöht und anschließend 7 min gehalten	50 → 180	30
Werkzeug wird heruntergekühlt	180 → 50	30
Verbundplatte wird entformt	50	-

Im Anschluss an das Krempeln wurden die Flore mittels Kreuzleger in 6 Lagen gelegt und anschließend vernadelt. Nach der Herstellung der Textilien wurden die Vliesstoffe auf 200 x 300 mm zugeschnitten, in ein Presswerkzeug gelegt und in der beheizbaren Presse (Rucks KV 214) (Abbildung 27) aufgeschmolzen und zu Platten verpresst. Nach dem Abkühlen wurden die Platten entformt. Der Ablauf mit den entsprechenden Temperaturen und Drücken ist in Tabelle 6: Übersicht über die Prozessschritte und Prozessparameter beim Pressen der VerbundplattenTabelle 6 dargestellt. Es wurden zwei Platten mit der Mischung PP-Fasern und PA6 hergestellt, wobei die Faserrichtungen sich jeweils um 90 ° unterscheiden, und eine Platte mit der Mischung aus PP- und Glasfasern.

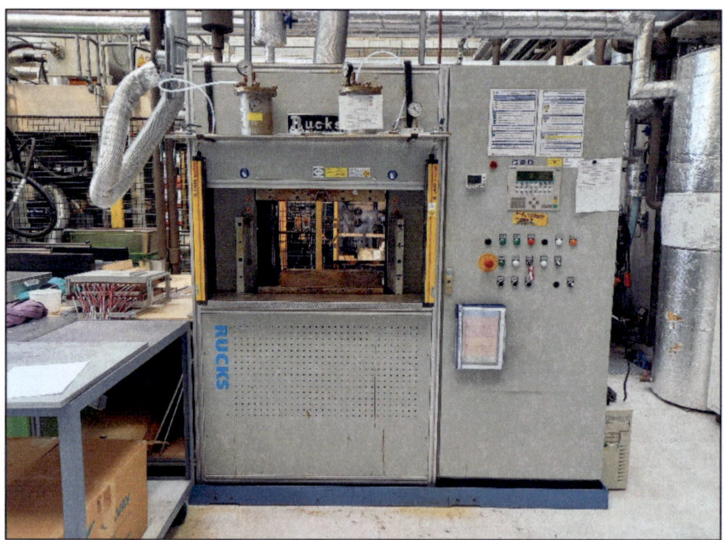

Abbildung 27:   Beheizbare Presse zur Herstellung der Verbundplatten im Technikum am FIBRE.

Abbildung 28 und Abbildung 29 zeigen die hergestellten magnetischen Verbundplatten. Die Plattenqualität wird mit Ausnahme der Bereiche mit nicht ausreichender Durchtränkung als gut bewertet. Bei dem anschließenden Zuschnitt der Prüfkörper für die folgenden Versuche wurde darauf geachtet, dass ausschließlich die Bereiche mit ausreichender Durchtränkung für die Prüfkörper verwendet werden.

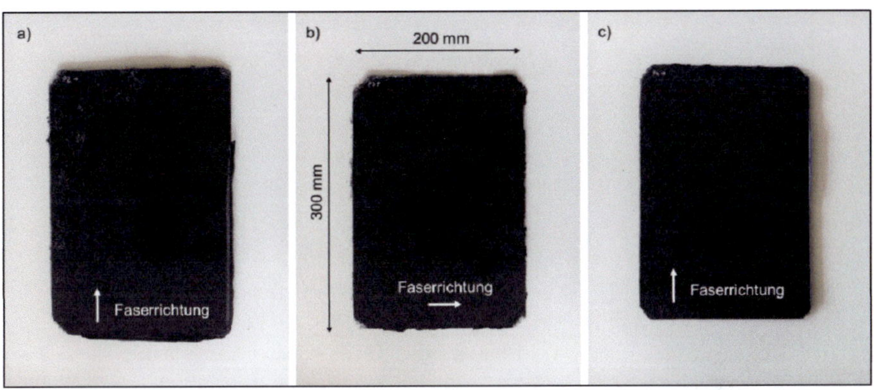

Abbildung 28: gepresste magnetische Verbundplatten mit PA6-Fasern als Verstärkungsfasern mit Faserrichtung parallel zur langen Plattenseite und senkrecht dazu a), b) und mit Glasfasern als Verstärkungsfasern c).

Abbildung 29: magnetische Verbundplatte mit Eisenpartikeln zur Erzeugung der magnetisierbaren Eigenschaften und Glasfasern als Verstärkungsfasern.

Für die Untersuchung der Biegeeigenschaften der hergestellten magnetischen Verbundplatten, wurden jeweils 10 Proben aus den Platten geschnitten und nach DIN EN ISO 14125 Anhang A – Klasse II im Drei-Punkt-Biegeversuch geprüft. Es wurde eine Kraftmessdose mit einer Nennlast von 10kN verwendet. Tabelle 7 zeigt die Probenabmessungen sowie die entsprechenden Plattenbezeichnungen. Je Platte wurden 15 Proben getestet. Die Proben wurden für 24 h vor den Biegeversuchen im Normklima bei 23 °C und 50 % relativer Luftfeuchtigkeit klimatisiert.

Tabelle 7: Übersicht über die Plattenbezeichnungen und Probenabmessungen.

Platte 1 mit 26 % PA6-Fasern mit Faserrichtung parallel zur Biegeachse

	Höhe in mm	Breite in mm	Länge in mm
Mittelwert	0,9035	15,22	14,46
Standardabweichung	0,01741	0,09454	0

Platte 2 mit 26 % PA6-Fasern mit Faserrichtung senkrecht zur Biegeachse

	Höhe in mm	Breite in mm	Länge in mm
Mittelwert	0,8455	15,13	13,51
Standardabweichung	0,02121	0,1874	0

Platte 3 mit 26 % Glasasern mit Faserrichtung senkrecht zur Biegeachse

	Höhe in mm	Breite in mm	Länge in mm
Mittelwert	1,069	15,06	17,13
Standardabweichung	0,04271	0,18	0

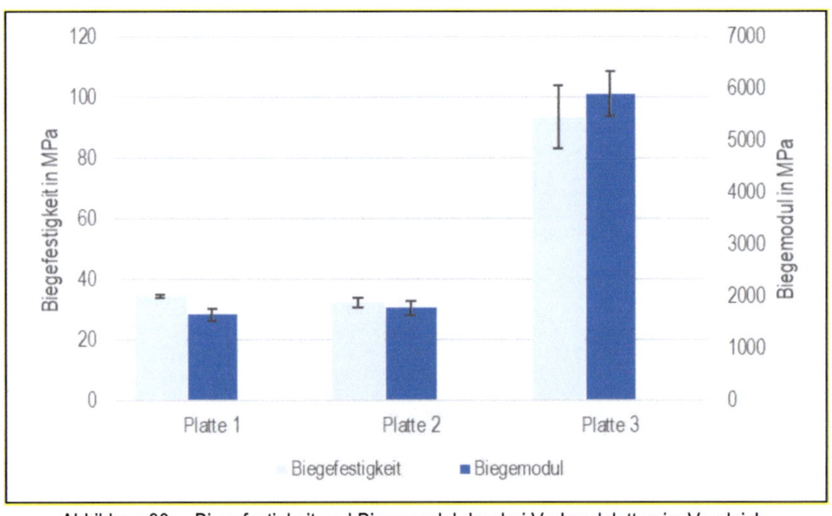

Abbildung 30:   Biegefestigkeit und Biegemodul der drei Verbundplatten im Vergleich.

Die Mittelwerte der gemessenen Biegemodule und Biegefestigkeiten der drei untersuchten Platten sind Abbildung 30 zu entnehmen. Es ist zu erkennen, dass die Platte mit den Glasfasern deutlich höhere Biegemodule und Biegefestigkeiten erreicht als die Platten mit PA6-Faserverstärkung. Dies ist auf die höheren Einzelfaserzugfestigkeiten und -steifigkeiten zurückzuführen. Hinzukommt, dass die Glasfasern senkrecht zur Biegeachse vorliegen, sodass sie die auftretenden Kräfte aufnehmen können. Zwischen Platte 1 und Platte 2 sind nur leichte Unterschiede zu erkennen. Die Ergebnisse bei Platte 1 liegen leicht über denen von Platte 2. Dies könnte darauf zurückzuführen sein, dass bei Platte 1 die PA6-Fasern senkrecht zur Biegeachse verlaufen, wodurch die Kräfte von den Fasern und der Matrix aufgenommen werden, während bei einer Orientierung parallel zur Biegeachse (Platte 2) keine Kraftaufnahme durch die Fasern

stattfindet und lediglich die Matrix, in diesem Fall die aufgeschmolzenen PP-Fasern mit Eisenpartikeln, maßgeblich für die Biegeeigenschaften sind. Die Unterschiede zwischen Platte 1 und 2 sind jedoch so gering, dass diese in den Bereich der normalen Messwertschwankungen fallen.

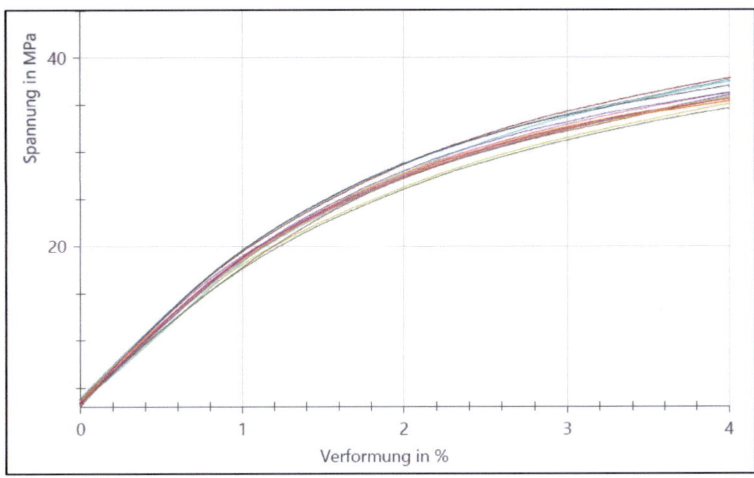

Abbildung 31: Biegespannung in Abhängigkeit der prozentualen Verformung im Drei-Punkt-Biegeversuch der Prüfkörper von Platte 1.

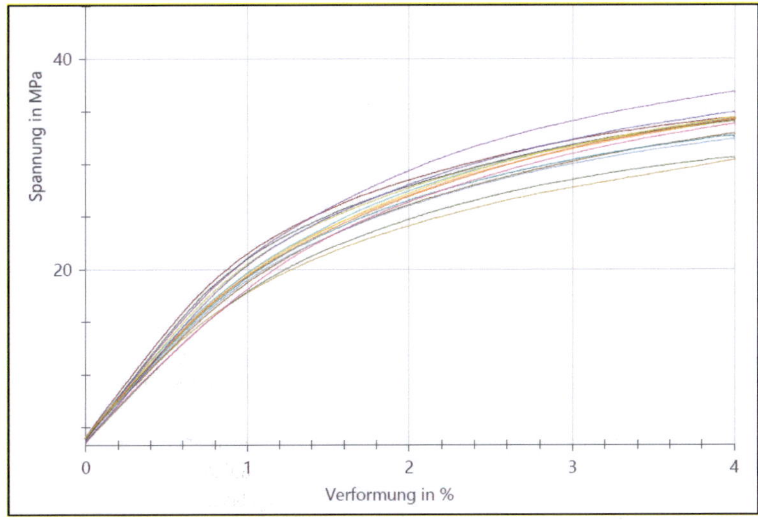

Abbildung 32: Biegespannung in Abhängigkeit der prozentualen Verformung im Drei-Punkt-Biegeversuch der Prüfkörper von Platte 2.

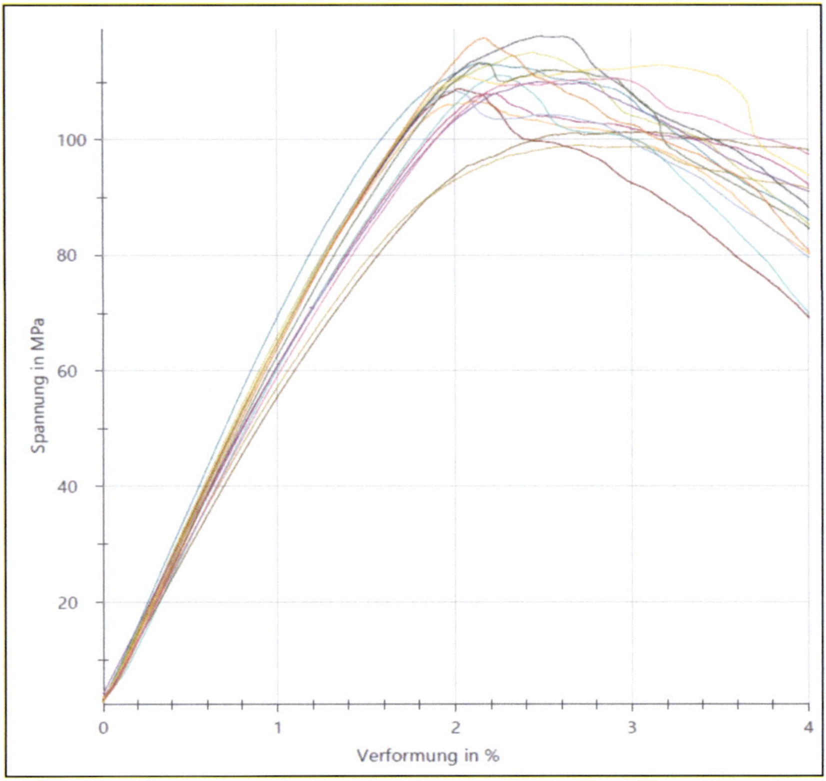

Abbildung 33: Biegespannung in Abhängigkeit der prozentualen Verformung im Drei-Punkt-Biegeversuch der Prüfkörper von Platte 3.

Abbildung 31 bis Abbildung 33 zeigen den Verlauf der auftretenden Spannungen gegenüber der Verformung für die ersten 4 % Verformung für die Platten 1, 2 und 3. Auffällig ist hier der Verlauf von Platte 3, der sich deutlich von dem der Platten 1 und 2 unterscheidet. Die maximale Spannung wird hier im Bereich von 2–3 % Verformung erreicht und fällt danach wieder ab. Dies ist ebenfalls auf die geringere Elastizität der Glasfasern im Vergleich zu den PA6-Fasern zurückzuführen.

Tabelle 8: Übersicht über die Gewichte der Prüfkörper zur Messung der Magnetkraft.

	Gewicht in g		
	P1 – PA6-Fasern gepresst	P2 – PA6-Fasern gepresst	P3 – Glasfasern gepresst
Prüfkörper 1	0,24	0,21	0,34
Prüfkörper 2	0,23	0,22	0,32
Prüfkörper 3	0,23	0,22	0,35
Prüfkörper 4	0,23	0,22	0,35

Für die Charakterisierung der magnetischen Eigenschaften der Platten 1 bis 3 wurden aus den Platten zusätzlich quadratische Prüfkörper mit einer Kantenlänge von 15 mm geschnitten und gewogen. Je Platte wurden vier Prüfkörper (Prüfkörper 1–4) zugeschnitten. Die Gewichte der Prüfkörper sind in Tabelle 8 aufgelistet.

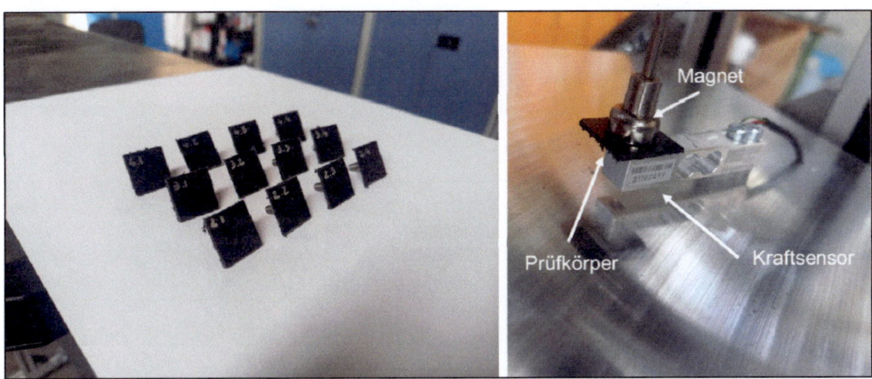

Abbildung 34: Prüfkörper der Platten 1 bis 3 zur Messung der magnetischen Eigenschaften (links) und auf dem Sensor des Messaufbaus fixierter Prüfkörper (rechts).

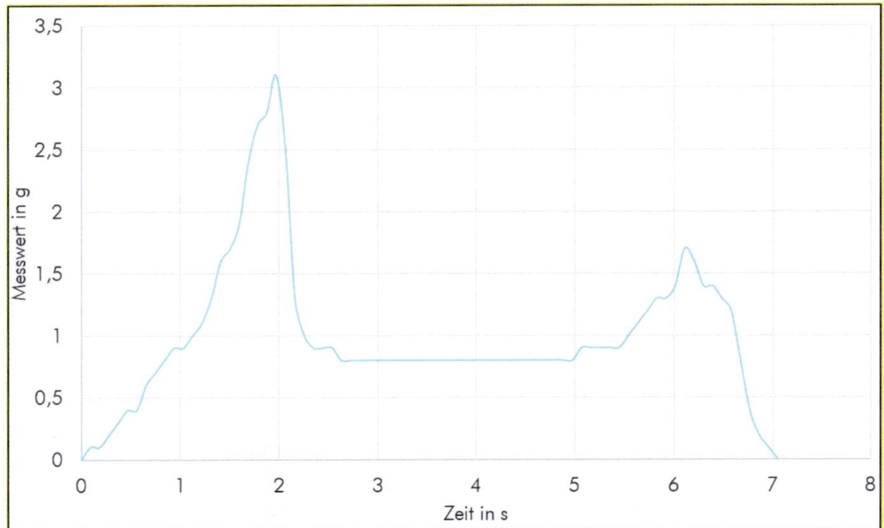

Abbildung 35: Beispielverlauf einer Messung der magnetischen Eigenschaften einer Probe mittels Kraftsensor.

Auf einer Seite jeder Probe wurde mittels Klebung eine Schraube befestigt, um die Prüfkörper am Kraftsensor des Magnetprüfstandes fixieren zu können. Abbildung 34 zeigt die zwölf Prüfkörper sowie eine auf dem Kraftsensor des Messstandes fixierte Probe.

Zur Durchführung einer einzelnen Messung der Magnetkraft wurde eine Probe auf dem Kraftsensor fixiert, der an einem Seil befestigte Magnet auf die Probe aufgelegt und so der Nullwert des Sensors festgelegt. Im Anschluss daran wurde der Magnet langsam hochgezogen und der Kraftverlauf des Sensors aufgezeichnet. Abbildung 35 zeigt den typischen Verlauf der Kraft einer Messung. Der erste Peak beschreibt das Abziehen des Magneten, beim zweiten Peak wird der Magnet wieder auf die Probe abgesetzt. Als Vergleichsgröße wurde bei allen Proben der Maximalwert des ersten Peaks verwendet. Jede Probe wurde dreifach gemessen.

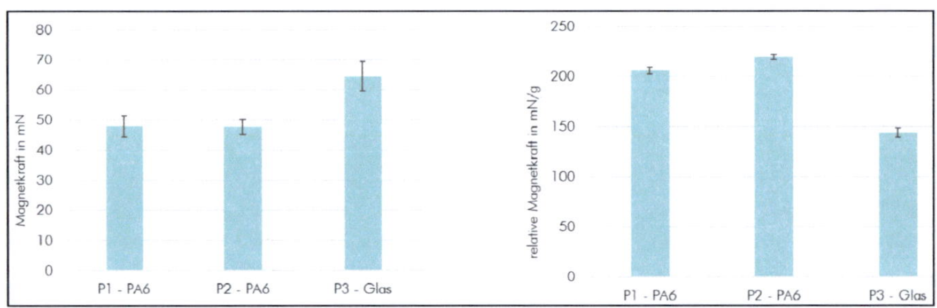

Abbildung 36: absolute gemessene Magnetkräfte (links) und auf das Gewicht bezogene Magnetkräfte (rechts).

Abbildung 36 zeigt die Ergebnisse der Charakterisierung der magnetischen Eigenschaften der hergestellten Verbundplatten. Auf der linken Seite sind die absoluten Kräfte dargestellt, die benötigt wurden, um den Magneten von der Platte zu lösen, während die linke Seite die relativen auf das Probengewicht bezogenen Kräfte zeigt. Die Platten mit den Glasfasern zeigen die höchste Magnetkraft, da in dem Prüfkörpervolumen aufgrund der hohen Dichte der Glasfasern betrachtet mehr PP-Fasern und damit auch mehr Eisenpartikel vorhanden sind. Werden die Kraftwerte allerdings aufs Gewicht bezogen, zeigt die mit Glasfasern verstärkte Platte die niedrigsten Werte. Die zwei Platten mit PA6-Fasern unterscheiden sich kaum, da für die hier gemessenen magnetischen Eigenschaften die Faserorientierung irrelevant ist.

3 Zusammenfassung und Bewertung der Ergebnisse

Das Projekt Falona wurde in Form aufeinander abgestimmter VF-Vorhaben der Institute „Sächsisches Textilforschungsinstitut e.V." (STFI) und „Faserinstitut Bremen e.V." (FIBRE) in Kooperation bearbeitet. Im Rahmen des Forschungsvorhabens wurde die Optimierung einer Faserausrichtung im Krempelflor durch eine Nachorientierung im Magnetfeld untersucht. Zur Erreichung einer Magnetisierbarkeit der Fasern im Flor werden von den Partnern zwei unterschiedliche Forschungsansätze verfolgt, die einerseits die Erzeugung magnetisierbarer Fasern durch äußeren Auftrag einer Schlichte (STFI, im Wesentlichen Carbonfasern), und andererseits die Einbringung eines magnetisierbaren Fluids in den Kern von Hohlfasern (FIBRE) zum Ziel hatten.

Die am FIBRE entwickelnden Hohlfasern wurden dabei im Schmelzspinnverfahren hergestellt und die Flüssigkeit mittels einer speziellen Spinndüse kontinuierlich in die Fasern integriert, um so eine Magneti-

sierbarkeit zu erreichen. Die entwickelte magnetisierbare Flüssigkeit konnte im Schmelzspinnprozess als flüssige Kernkomponente in eine Hohlfaser intergiert werden. Bei der Faserentwicklung konnten erfolgreich mit magnetisierbarer Flüssigkeit gefüllte Hohlfasern hergestellt werden. Bei der Herstellung im Schmelzspinnprozess zersetzte sich jedoch die magnetisierbare Flüssigkeit thermisch, was zu Verstopfen einzelner Düsenbohrungen und damit zu einem instabilen Spinnprozess führte. Daher wurden als Alternative Compounds mit magnetisierbaren Partikeln und Polypropylen herstellt und im Schmelzspinnprozess zu Fasern verarbeitet. Zur Messung der Magnetkraft der Fasern wurde ein Prüfstand entwickelt. Die Fasern mit den größten Durchmessern und dem höchsten Partikelgehalt zeigten die größte Magnetkraft. Die Fasern konnten zu Krempelfloren verarbeitet werden, deren Änderung der Vorzugsrichtung durch das Anlegen eines Magnetfeldes untersucht wurde. Die Ergebnisse zeigten, dass die gewählte Versuchsanordnung geeignet zur Untersuchung des Einflusses von Magnetfeldern auf die Probengeometrie ist und in den Ergebnissen nur der Einfluss der magnetischen Nachorientierung, aber kein Effekt des Probenhandlings zu erkennen ist. Des Weiteren konnte die Ausrichtung vereinzelter Materialien in Feldrichtung durch das Anlegen eines Magnetfelds sehr stark bis zum Faktor 18,8 gesteigert werden. Im Gegensatz zur Arbeitshypothese erfolgte bei Faserfloren im Magnetfeld jedoch überhaupt keine Änderung der Orientierung im Magnetfeld.

Zusätzlich wurden Krempelflore aus mit Eisenpartikeln versetzten PP-Fasern mit PA6-Fasern und Mischungen mit Glasfasern hergestellt, welche anschließend mittels Pressverfahren zu magnetischen Verbundwerkstoffen verpresst wurden. Die mechanischen Eigenschaften wurden mittels Drei-Punkt-Biegeversuch und die magnetischen Eigenschaften mithilfe des entwickelten Prüfstandes charakterisiert. Die Verbundplatten mit Glasfaserverstärkung zeigten die höchsten Biegesteifigkeiten und Biegefestigkeiten, während die Platten mit PA6-Faserverstärkung die höchsten auf das Prüfkörpergewicht bezogenen magnetischen Eigenschaften zeigten.

4 Innovationspotenziale und Applikationsmöglichkeiten

4.1 *Wissenschaftliche und wirtschaftliche Bedeutung der Ergebnisse*

4.1.1 Wissenschaftliche Bedeutung

Die Ergebnisse des Projekts zeigen, dass sowohl die Herstellung von mit magnetischen Fluiden gefüllten Hohlfasern, als auch die Produktion von direkt mit magnetisierbaren Partikeln gefüllten Thermoplastfasern möglich sind. Werden diese Fasern in einen Flor eingebracht, kann dieser im Magnetfeld stabilisiert werden.

Dies ermöglich perspektivisch Verbesserungen in der Herstellung von Verbunden im RTM-Verfahren und die vereinfachte Prozessautomatisierung im Bereich von Hochleistungsverbunden. Weiterhin lassen sich durch dieses Verfahren magnetische, faserverstärkte Verbundwerkstoffe herstellen. Bedingt durch die genannten Eigenschaften lassen sich neue Anwendungsfelder vliesstoffbasierter Verbunde ermitteln.

4.1.2 Wirtschaftliche Bedeutung

Die temporäre magnetische Stabilisierung von Halbzeugen ist leicht in bereits bestehende Prozessketten zu integrieren, und ermöglicht durch das vergrößerte Prozessfenster eine vereinfachte Anpassung der Prozessparameter wie bspw. Harzdurchfluss und notwendiger Kompaktierungs- und Konsolidierungsdruck. Dies erlaubt die einfachere Herstellung des Verbundes ohne zusätzliche teure Anlagentechnik und eröffnet Unternehmen mit traditionellen Imprägnierverfahren (wie Handlaminier- und RTM-Verfahren)

ebenfalls die Möglichkeit der Nutzung von Carbonfaservliesstoffen. Dies lässt sich zudem auf unterschiedliche Hochleistungsfasern (Glas, Basalt oder Carbon) übertragen und erschließt so den Unternehmen die erneute Verwendung eigener Faser- und Verschnittabfälle, die während der Produktion anfallen. Zudem ist die magnetische Eigenschaft entscheidend. Diese Eigenschaft eröffnet neue Anwendungsbereiche, wie bspw. in der Automobilindustrie als Haftmagnet oder in der Antriebstechnik in Bereich der Sensorik [17].

4.2 Internes Innovations- und Anwendungspotenzial

Sowohl in FIBRE als auch STFI werden die Ergebnisse dieses Projekts bereits jetzt im Bereich Verbundwerkstoffe genutzt. Bei beiden Instituten werden die Ergebnisse in die Lehrtätigkeit einfließen, die sie in der Ingenieurausbildung der Universitäten Bremen (FIBRE) und Chemnitz (STFI) erbringen; einerseits in den Seminaren und Vorlesungen, andererseits durch Vergabe von Themen für Studien-, Bachelor- oder Masterarbeiten, die inhaltlich auf den Ergebnissen des Projektes aufbauen.

Folgeprojekte können sich in folgende Richtungen ergeben:

- ➢ Optimierung der Verbundherstellung im RTM-Verfahren durch temporäre magnetische Florstabilisierung, um das Prozessfenster zu erweitern und die Verwendung von Harzen höherer Viskosität zu ermöglichen.
- ➢ Magnetische Geometrieerhaltung der Halbzeuge beim Handling / Transport vor der Verbundherstellung für die Prozessautomatisierung im Sinne von Industrie 4.0.
- ➢ Entwicklung von Hohlfasern, welche als späteres Matrixmaterial (bspw. PA) im Hybridvliesstoff (in Kombination mit Carbon- oder Glasfasern) dienen können.
- ➢ Entwicklung von mit Eisenpartikeln gefüllten Verbundwerkstoffe für
  - o konstruktive Zwecke bei Nutzung der Magnetisierbarkeit
  - o Abschirmungen gegen elektromagnetische Einflüsse
  - o Antistatische Anwendungen
- ➢ Entwicklung textiler Sensoren auf der Basis von mit MF gefüllten Hohlfasern, die als Multifilamentgarne mithilfe textiler Verarbeitungsprozesse in Produkte integriert werden können

Beide Projektpartner sind an einer weiteren Zusammenarbeit in diesen Themenbereichen interessiert.

4.3 Darstellung erworbener bzw. anzumeldender Schutzrechte

Zum Zeitpunkt der Antragstellung war keine Anmeldung eigener Schutzrechte geplant. Auch im Projektverlauf ergab sich keine Änderung dieser Planung.

4.4 Spätere Applikationsmöglichkeiten für die mittelständische Industrie und Transferkonzept

Das Vorhaben ermöglicht die Entwicklung eines neuartigen Verfahrens sowie die Herstellung neuer Halbzeuge, die sowohl für Recyclingunternehmen, die Textilindustrie als auch für Hersteller von Fasern und Faserverbundwerkstoffen interessant sind. Aufgrund des interdisziplinären Charakters des Vorhabens wird eine breite Anwendung der Ergebnisse in unterschiedlichen Industriezweigen erwartet:

- ➢ Textilmaschinenbauer: Erweiterung des Portfolios zugunsten von Anlagen für die Produktion gefüllter Hohlfasern
- ➢ Sondermaschinenbau: Entwicklung eines Stabilisierungsverfahrens mittels Magnetfeld

> ➤ Unternehmen im Bereich der Herstellung von Nanopartikeln und magnetischen Flüssigkeiten:
>> o Erschließen eines neuen Anwendungsbereichs Carbonfaserrecycling,
>> o Neue Anwendungsgebiete im Bereich magnetisierbarer Polymerfasern
> ➤ Hersteller von Faserverbundwerkstoffen:
>> o Herstellung magnetischer Verbunde und daher Erschließen neuer Anwendungsbereiche bspw. im Bereich der Sensorik,
>> o Nachhaltiger Umgang mit Carbon- und Glasfaserabfällen durch den möglichen Wiedereinsatz eigener Abfälle von Hochleistungsfasern in Faserverbundbauteilen.

Durch die beteiligten Institute werden die Ergebnisse bereits jetzt in Beratungsleistungen für die Industrie eingebracht. Der weitere Transfer erfolgt wie beschrieben durch Publikationen in Fachzeitschriften sowie auf Tagungen, Messen und in Arbeitskreisen.

5 Veröffentlichungen aus dem Projekt

5.1 *Während der Projektlaufzeit:*

1. Bengel, T.: *Kick-off-Meeting zum Projekt Faserflornachorientierung (Falona)*. Newsmeldung auf der STFI-Webseite: https://www.stfi.de/aktuelles/meldungen/ meldungen-detailseite/kick-off-meeting-zum-projekt-faserflornachorientierung-falona, gesehen 2022-05-25.

2. Heilos, K.; Kölsch, L. & Fischer, H.: *Umhüllen und Füllen — Optimierte Faserausrichtung in Krempelflor durch Nachorientierung der magnetisierten Carbonfasern*. CU reports Nr. 01 (2022), 40. ISSN 2699-4534. Online verfügbar: https://www.carbon-connected.de/Group/CU.reports/Dokumente/File/Embedded/7F9734C4415D1F45B8A65B32537FDE2F, gesehen 2022-05-25.

3. Heilos, K.; Kölsch, L. & Fischer, H.: *Envelope and Filling — Optimized fiber alignment in carded web by reorienting the magnetized carbon fibers*. CU reports no. 01 (2022), 42. ISSN 2699-4534. Online verfügbar: https://www.carbon-connected.de/Group/CU.reports/ Dokumente/File/Embedded/7F9734C4415D1F45B8A65B32537FDE2F, gesehen 2022-05-25.

4. Kölsch, L. & Fischer, H.: *Ankündigung zum Projektstart vom Projekt Faserflornachorientierung (Falona)*. Newsmeldung auf der FIBRE-Webseite: https://www.faserinstitut.de/, gesehen 2022-01-14.

5. Kölsch, L.; Fischer, H.; Albe, C.; Heilos, K.; Schnock, O. & Kirchhöfer, D.: *Development of Magnetisable Fibres for Reorienting Fibres in Carded Webs by Use of a Magnetic Field*. In Technical University of Liberec, Faculty of Textile Engineering (organiser): *23rd International Conference STRUTEX, November 30 – December 2, 2022, Liberec, CZ*. Technical University of Liberec, Liberec, CZ 2022.

6. Kölsch, L.; Fischer, H.; Albe, C.; Heilos, K.; Schnock, O. & Kirchhöfer, D.: *Development of Magnetisable Fibres for Reorienting Fibres in Carded Webs by Use of a Magnetic Field*. In Team of Authors (Hrsg.): *23rd International Conference STRUTEX (Conference Book)*. Seiten 193 – 196. Technical University of Liberec, Liberec, CZ 2018. ISBN 978-80-7494-621-9.

7. Kölsch, L.: *Flüssigkeitsgefüllte Hohlfasern.* TEXTILplus Ausgabe 11/12 (2023), 20 – 22. ISSN 2296-1208.

5.2 Nach Projektabschluss erfolgt:

8. Kölsch, L.; Fischer, H.; Kirchhöfer, D.; Schnock, O.; Thal, D.; Miene, A. & Heilos, K.: *Falona — Faserflornachorientierung.* In Reihe: Forschungsberichte aus dem Faserinstitut Bremen **77.** Herstellung und Verlag: Books on Demand GmbH, Norderstedt, August 2024. ISSN 1618-7016. ISBN 978-3-7597-6176-7.

5.3 Nach Projektabschluss geplant:

9. Gereviewter Artikel in "Fibres & Textiles"

6 Literatur

[1]   M. Sauer: *Composites-Marktbericht 2019 - der globale CF-und CC-Markt, Marktentwicklung, Trends, Ausblicke und Herausforderungen - veröffentlichte Kurzfassung,* September 2019.

[2]   M. Hofmann und B. Gulich, *„Verarbeitung von rezyklierten Carbonfasern zu Vliesstoffen für die Herstellung von Verbundbauteilen,"* in Leichtbau-Technologien im Automobilbau - Werkstoffe - Fertigung - Konzepte, W. Siebenpfeiffer, Hrsg., Springer Vieweg, 2014, pp. 58-63.

[3]   Fischer, H.; Heilos, K.; Hofmann, M. ; Miene, A,; Ziller, M.; Cleff, C.; Maidorn, J.; Hohmuth, H.; Schaarschmidt, R. & Bauer, K.: *RecyCarb — Ganzheitliche verfahrenstechnische Betrachtung und prozessbegleitendes Monitoring von Qualitätsparametern bei der Aufbereitung von Carbonfaserabfällen und deren hochwertigen Wiedereinsatz in textilen Flächengebilden als Basismaterial für Faserverbundwerkstoffe der Zukunft.* In Reihe: Forschungsberichte aus dem Faserinstitut Bremen **60.** Herstellung und Verlag: Books on Demand GmbH, Norderstedt, April 2019, 128 Seiten. ISSN 1618-7016. ISBN 978-3-7494-3150-2.

[4]   D. Schüppel: *Spitzencluster MAI Carbon erreicht Kostenziel,* C. C. e.V., Hrsg., 2018, pp. 21-22.

[5]   H. Fuchs und W. Albrecht: *Vliesstoffe - Rohstoffe, Herstellung, Anwendung, Eigenschaften, Prüfung.* Weinheim: Wiley-VCH Verlag & Co. KGaA, 2012.

[6]   J. Wölling, M. Schmieg, F. Manis und K. Drechsler: *Nonwovens from recycled carbon fibres-- comparison of processing technologie.* Elsevier BV, 2017, pp. 271-276.

[7]   M. Hofmann, H. Fischer, K. Heilos und A. Miene: *RecyCarb: Process Optimization and On-Line Monitoring in the Recycling of Carbon Fibre Waste for the Re-Use in High-Grade Fibre Reinforced Plastics* Key Engineering Materials, **809,** pp. 515-520, 2019.

[8]   G. Stegschuster und S. Schlichter: *Web Based Composites - Prozessketten und Produkte.* Vliesstofftage Hof, 2017.

[9]   S. Pimenta und S. T. Pinho: *Recycling carbon fibre reinforced polymers for structural applications: Technology review and market outlook.* 31, 2011, pp. 378-392.

[10] J. Tietze: *Kohlefaserverstärkte thermoplastische Halbzeuge im Nassvliesverfahren,* Chemnitz, 2019.

[11] A. Passaro, A. Tarzia und L. Longo: *New sizing formulation for recycled carbon fibres.* JEC Composites Magazine, pp. 62-65, Januar-Februar 2020.

[12] S. Kresmer: *ALTANA Gruppe — BYK Chemie GmbH, Pressemitteilung: "Weltneuheit: BYK entwickelt das erste Coupling Agent für Carbonfasern"*. 2018. Available: https://media.altana.com/fileadmin/altana/downloads/press/PM_BYK-C_8013_DE_de.pdf. Gesehen 01/2020.

[13] Heilos, K.; Fischer, H.; Hofmann, M. & Miene, A: *Nonwovens made of Recycled Carbon Fibres (rCF) used for Production of Sophisticated Carbon Fibre-Reinforced Plastics*. Fibres and Textiles / Vlákna a Textil **27**,3 (2020), 65 – 75. ISSN 1335-0617. Online http://vat.ft.tul.cz/2020/3/VaT_2020_3_11.pdf, gesehen 2020-10-28.

[14] Miene, A.: *Inlinemessung der Faserorientierung*. Kapitel 6.4 in Plinke, B.; Fischer, S.; Fischer, H.; Graupner, N. & Müssig. J. (Hrsg.): *Technische Faseranalytik — Eine praxisbezogene Einführung für die Werkstoffentwicklung —*. Wiley-VCH GmbH, Weinheim, DE 2023, S. 328 – 335. ISBN 978-3-527-34109-2.

[15] Lenzing Instruments (Hrsg.): *NOS 300 Nonwovens orientation system*. Broschüre. Lenzing Instruments GmbH & Co. KG, Gampern, AT. Online https://lenzing-instruments.com/wp-content/uploads/2019/06/NOS300.pdf . Gesehen 2024-07-29.

[16] P3N Marketing GmbH (Hrsg.): *Laborkrempel geht in Betrieb — Faserinstitut Bremen e.V.* futureTEX Newsletter 01/2021, S. 2. Online https://www.futuretex2020.de/aktuelles/newsletter , gesehen 2024-07-19.

[17] Arnold Magnetic Technologies (Hrsg.): *Plastiform® hochenergetische Kunststoffgebundene Magnete*. Arnold Magnetic Technologies Corporation, 2021. Online: https://www.arnoldmagnetics.de/products/plastiform-high-energy-bonded-magnets/. Gesehen 2021-02-24.

7 Ansprechpartner

Faserinstitut Bremen e.V. — FIBRE
Am Biologischen Garten 2 / IW3 | 28359 Bremen
Ansprechpartner: Lena Kölsch
T: +49 421 218 59667 | Kölsch@Faserinstitut.de

Faserinstitut Bremen e.V. — FIBRE (Koordinator)

Das Faserinstitut Bremen e.V. (FIBRE) nimmt als wissenschaftliche Einrichtung an der Universität Bremen Forschungs- und Entwicklungsaufgaben auf den Gebieten der Prüfung, Weiterentwicklung und Verarbeitung von Fasern, textilen Halbzeugen und Faserverbundwerkstoffen wahr.

Das Institut wurde 1969 als gemeinnütziger Verein gegründet. In ihm gingen die Aktivitäten des 1955 an der Baumwollbörse Bremen aufgebauten Baumwoll-Labors und die des 1965 entstandenen Woll-Labors e.V. auf. Im Jahr 1989 wurde eine Kooperation mit der Universität Bremen eingegangen, um auf den Gebieten der Prüfmethodenentwicklung für Naturfasern, der Spezialfasern und von Faserverbundwerkstoffen gemeinsam anwendungsnahe Forschung zu betreiben.

Das Institut beschäftigt heute über 50 Mitarbeiter, davon über 35 Ingenieurinnen und Ingenieure der Materialwissenschaft, Produktionstechnik, Verfahrenstechnik und Luft- und Raumfahrttechnik sowie Physiker, Chemiker und Informatiker. Das Institut erhält eine Grundfinanzierung durch das Land Bremen und finanziert sich heute zu über 80% aus Drittmitteln. Bei der Projektfindung und -bearbeitung nutzt das FIBRE wertvolle Netzwerke wie z.B. das Forschungskuratorium Textil, das CFK-Valley-Stade und NorLiN. Durch die Vielzahl von erfolgreich durchgeführten Forschungs- und Entwicklungsprojekten besitzt FIBRE darüber hinaus ein umfangreiches eigenes Netzwerk aus hervorragenden Partnern aus Industrie und Wissenschaft. Es ist Anspruch des Instituts, Projekte kundenorientiert und professionell in hoher Qualität zu bearbeiten.

Die Arbeiten auf dem Gebiet der Naturfasern und Biocomposites umfassen die Forschung und Entwicklung an Themen der gesamten Prozesskette in der Produktion von Naturfasern. Dieses beinhaltet Prozesse vom Anbau bis zum Einsatz in technischen Anwendungen wie bei der Erzeugung von Naturfaserverbundwerkstoffen mit naturbasierten Matrixmaterialien unter besonderer Berücksichtigung der Qualitätsprüfungen entlang der Wertschöpfungskette. Ein grundlegender Schwerpunkt ist die Weiterentwicklung von Messverfahren sowie ihre internationale Harmonisierung und Normung. In diesem Rahmen führt das FIBRE u.a. regelmäßige interlaboratorielle Rundtests im Auftrag der IWTO (Wolle) sowie in Kooperation mit der Bremer Baumwollbörse (Baumwolle) durch.